E   E   S

TREES

from Root to Leaf

根深叶茂

[英] 保罗·史密斯 著　殷茜 译

中信出版集团 | 北京

图书在版编目（CIP）数据

根深叶茂 /（英）保罗·史密斯著；殷茜译 . -- 北京：中信出版社，2024.1
书名原文：Trees: from Root to Leaf
ISBN 978-7-5217-5925-9

I. ①根…　II. ①保…　②殷…　III. ①树木－关系－人类－文明－研究　IV. ① S718.4

中国国家版本馆 CIP 数据核字（2023）第 153687 号

Published by arrangement with Thames & Hudson Ltd, London
Trees: From Root to Leaf © 2022 Thames & Hudson Ltd, London
Text © 2022 Paul Smith
Foreword © 2022 Robert Macfarlane
Trees and Us chapter © 2022 Yvette Harvey Brown
Designed by Here Design
This edition first published in China in 2023 by CITIC Press Corporation, Beijing
Simplified Chinese edition © 2024 CITIC Press Corporation
本书仅限中国大陆地区发行销售

根深叶茂

著者：　　［英］保罗·史密斯
译者：　　殷茜
出版发行：中信出版集团股份有限公司
　　　　　（北京市朝阳区东三环北路 27 号嘉铭中心　邮编　100020）
承印者：北京利丰雅高长城印刷有限公司

开本：880mm×1230mm　1/16　　印张：20　　字数：380 千字
版次：2024 年 1 月第 1 版　　　　印次：2024 年 1 月第 1 次印刷
京权图字：01-2023-4484　　　　　书号：ISBN 978-7-5217-5925-9
审图号：GS 京（2023）1861 号（此书中插图系原文插图）
定价：198.00 元

目　录

戈里·拉吉尼（Gauri Ragini）
约 1650 年
拉格玛拉 [①]，水粉与金箔画

在世界上最古老的文学作品中，树木是主角之一。约公元前 2100 年，首次以楔形文字的形式记录于古美索不达米亚泥版上的《吉尔伽美什史诗》，讲述了国王吉尔伽美什和野人恩奇都徒步穿越 7 座山脉，抵达神圣的雪松林的历程。在他们到来之前，雪松林是一个恢宏而宁静的世外桃源，那里的巨树无拘无束地自由生长，直插云霄；猴群在树枝间追逐嬉戏，鸟鸣声此起彼伏，不绝于耳。吉尔伽美什和恩奇都涉足这片森林后，并没有把这里当作奇迹之所，而是在此展开了一场掠夺。他们先是残忍地杀害了森林守护神洪巴巴，然后挥斧砍倒雪松，用几棵最粗壮的树来制作木筏和神庙大门。他们的行为不仅导致了森林的衰落，也致使恩奇都死亡，这是众神对恩奇都与吉尔伽美什的惩罚，因为他们给森林造成了破坏。

可以说《吉尔伽美什史诗》首次讲述了一个关于伐木的故事，即最早的生态灭绝行为。人类与树木的复杂关系在这个故事中体现得淋漓尽致：树木是文化的灵感来源，是与我们共享脆弱地球的非凡生物，是生物群落的慷慨缔造者；但与此同时，我们也将树木视为可以肆意对待的主体和商品，当我们明目张胆地滥用树木和森林时，灾祸可能接踵而至。

在距离《吉尔伽美什史诗》4 000 多年后的今天，所有这些主题都在保罗·史密斯的这部权威著作中重现，它们就像树木的心材一般，贯穿于你即将阅读的这部著作之中。史密斯是一位资深的植物生态学家，拥有渊博的植物学知识。他将地球上树木的角色描述为"我们的'缪斯'、保护者和沉默的伙伴"，正如他所说，这一描述也是基于深厚的历史与文化根源做出的。《树语》出版于 2018 年，是一本非常独特的树木题材的小说，翻开这本书的第二页，作者理查德·鲍尔斯想象着树木与它们的人类邻居、地球上的共同公民在对话。"如果你的思想是一样更绿色的东西就好了"，它们低声说，"我们会让你沉浸在真正有价值的事物之中"。史密斯的书有助于让读者的思想成为"更绿色的东西"。

自大约 3.5 亿年前树木首次出现以来，现在树木似乎正处于一个特殊的时刻，地球上的林栖生物危在旦夕。2021 年，《世界树木状况报告》正式发布，首次列出了全球的树木物种及其各自的濒危程度。在全世界大约 6 万种树中，约有 1.75 万种（近 30%）面临灭绝威胁，有 440 种濒临消亡，为了开展树木采伐、农作物种植、放牧和土地开发而进行的森林滥伐是树种减少的主要原因。正如我们经历了人类的疫情大流行，不要忘记树木也会遭受严重植物传染病的困扰，白蜡树枯梢病［由白蜡树膜盘菌（*Hymenoscyphus fraxineus*）引起］预计将在未来 30 年内杀死英国约 80% 的白蜡树。我曾穿行于英国南唐斯国家公园的整片山坡，那里的白蜡树苍白萧疏，奄奄一息，起风时，我能听到它们脆生生的树枝相互敲击，发出临终的哀鸣。山松大小蠹的种群数量不再受寒冷冬季的影响，它们正大肆破坏着美国各地的针叶林；同时，花旗松、金杯栎等树种沦为"气候难

---

① 拉格玛拉（Ragamala）：一类诞生于中世纪印度的系列插画，用于阐释印度古典音乐中的多种旋律模式及相关主题。——译者注

民"，不断上升的温度和野火将它们的种群赶出了世世代代的居所。

1658 年，早期现代医生、学者托马斯·布朗爵士创造了一个美丽的动词："to interarborate"。按照布朗的说法，"interarboration" 是指树枝的连接与交织。作为人类，我们本身就是连接与交织的，与树木和森林高度地相互依赖。从家具到建筑，从城市规划到纺织品，从食物到饮料，史密斯在这本书中向我们展示了树木如何融入并贯穿着我们生存所涉及的几乎每个方面。静态的超级英雄——行道树，是不知疲倦的生态系统综合服务提供者，它们为我们遮蔽阳光，降低城市热岛的地表温度，净化城市空气中的污染物，固碳，连接零星的栖息地，以及支持生物群落。树木为我们提供的商品当然不仅限于物质层面，它们既生产葡萄糖，也赋予生命隐喻意义。譬如，我们的头脑中也存在着"森林"：纳米级图像显示，人类神经细胞的结构与某些树木舒展的树冠非常相似，神经科学家将这些分支突起称为 "dendrite"（树突），这个词来自希腊语 *dendron*，意为 "树"，当它们重叠（相互交错）时，据说就会形成一个 "树突树状结构"①。我们借助 "树" 来思考。

以我的经验来看，在林间漫步就是对苏格拉底的声明提出异议，他称 "树木与田野不会教给我任何东西，而城市的人们却赐给我颇多教益"。树木以独特的方式掌管并安排着时间，当人们置身林木之中时，就可以体验到这种不同。美国的阔叶林等待了 7 000 万年之久，人类才前来居住，这超出了我们的理解能力，但尝试着去理解本身就是耐人寻味的事情。高大伟岸的橡树需要

> 树木为我们提供的商品当然不仅限于物质层面，它们既生产葡萄糖，也赋予生命隐喻意义。

300 年才能发育成熟，又用 300 年去生存繁衍，另需 300 年才走向衰亡，这一认知既宝贵、深刻，又令人不安。

对类似的知识深思精研，会改变我们思想的纹理。北美木兰属植物毫无疑问是我最喜欢的城市树种，它们拥有雍容华丽的高脚杯状花朵，其心皮异常坚韧。据推测，这是因为北美木兰属植物从距今约 9 000 万年前的白垩纪晚期演化而来，那时没有蜜蜂，它们的心皮需要能够抵御甲虫那甲壳质的足带来的损害，而甲虫是它们唯一的传粉者。郊区的木兰花总令我深深触动于地球的历史：恐龙曾在这些树间漫步！

威廉·布莱克有句名言："让一些人感动得热泪盈眶的树，在另一些人眼里只是挡在路中间的绿物。"技术官僚和形而上学的强大势头，使人们对树木世界的感知力大大减弱，人们只是把它们看作木材或障碍物。充满奇迹的事物遭受了工具主义的压制。当代最大的挑战之一是如何扭转颓势，普及一种近乎万物有灵论的本体论，在这种本体论中，除我们自身之外，其他物种的生机勃发、不可思议之处皆可得到承认并受到尊重。史密斯著作的架构为这一设想做出了贡献，通过种子、叶、树形、树皮、木材、花朵和果实这七大奇迹来组织这本书，这些奇迹共同变出了树之魔力。正如史密斯在书中所言，本书提醒着我们："归根结底，我们都是大自然的共生体。"或者，换作厄休拉·勒古恩那句令人难忘的话："世界的词语是森林。"

---

① 树突树状结构（dendritic arbor）："arbor" 一词意为 "乔木，藤架"，中文没有对应的规范术语，此处根据语意译出。——译者注

引言

树木是地球上最大的生物之一，它们覆盖了全球约 1/3 的陆地表面，在我们的环境系统中发挥着举足轻重的作用——影响着从水循环、营养物循环、碳循环到全球气候的一切。森林为种类繁多的其他生物提供了家园，支持着地球上至少 1/2 的陆地植物和动物物种，而树木也在全球形形色色的环境中根深叶茂地蓬勃发展。

长寿松

Pinus longaeva

长寿松可存活 4 500 多年，是世界上寿命最长的树种，原产于美国犹他州、内华达州和加利福尼亚州东部的山区

《树木收集者》
雷切尔·坎贝尔，2019 年
布面油画

树木扎根于森林、灌丛、草原、海岸和岩石性生态系统，立足于沙漠、稀树草原和湿地。从英国伦敦到新加坡，树木还被栽植于世界各地的人工环境和城市中。本书所颂扬的正是树木非凡的多样性：它们对人类生活和我们的星球来说极其重要，也是人类及其所创造文明的灵感来源。

接下来的章节按顺序记载了树木生命周期中各个丰富多彩的阶段，从种子、叶到果实、花朵和树皮。虽然没有一个关于树木的通用定义，但将树木与其他植物区分开的特征是：树木要具备一根多年生的木质茎或树干。

树木的高度可达到 100 米以上，重量可超过 1 000 吨，相当于蓝鲸重量的 6 倍多。尽管它们至关重要，无处不在，文化意义深远且用途广泛，但直到 2017 年世界上第一份完整的树种清单才公开发布。目前的树种总数达到了惊人的 58 497 种，随着新物种增加或者名称和分类发生改变，人们还在不断修正这个数字。

为了描述一个新的树种并得到科学界的认可，植物学家必须在野外找到这种树，收集叶、花朵和果实的标本，将其带回腊叶标本资料馆，并将它们与类似物种的标本进行比较。植物学家如果认为自己发现了一个新物种，就会在科学期刊上发表描述，供同行评审。即使采取了这种细致缜密、规则严明的方法，这一领域内也仍然存在着大量的重复努力和差错，这导致在过去几个世

树木的高度可达到 100 米以上，重量可超过 1 000 吨，相当于蓝鲸重量的 6 倍多。

纪中，平均每个树种被赋予了三四个不同的学名。直到最近几年，多亏信息技术革命和分子生物学的发展，植物学家才能够迅速交换有关标本的数据和遗传信息，以确定究竟是什么物种。在这样的背景下，花费如此漫长的时间来描述我们星球上令人眼花缭乱的树种也就不足为奇了。

植被茂密的热带雨林地区孕育出了无比丰富的物种多样性。巴西拥有全球最多的树种（8 715 种），其次是哥伦比亚（5 776 种）和印度尼西亚（5 142 种）。全球近 60% 的树种为某个国家的本土树种，这意味着稀有树木数量众多。尽管许多树种并不常见，但它们都是必不可少的。

在更靠北的地区，树木多样性呈下降趋势，但树种在个体数量上体现出了优势。除了北极和南极（没有树木），树种最少的地区是北美洲的新北区，只有不到 1 400 种。事实上，在北纬地区的北方带，虽然树木多样性并非特别丰富，但温带森林约占全球所有森林生物量的 1/2，它们在数量上的优势足以弥补这一点。

> 对现代人来说，树木持续不断地为人类提供居所、食物，以及对当地生计、国家经济和全球贸易具有巨大价值的丰富产品。

树木处于无数条食物链的起点和生态营养金字塔的底端，广泛支撑着其他物种，所以无论是生长于何处的树木，都对周围环境起着关键性作用。尽管树木是举足轻重的角色，但最近发表的《世界树木状况报告》表明，目前有超过 1.75 万种树木（约占总数的 30%）正面临灭绝威胁，可能引发灭绝级联效应和整个生态系统的崩溃。不幸的是，我们的全球经济体系和维持它的政治结构几乎没有注意到"自然资本"的价值，而这正是所有生命都赖以维生的基础。这不仅是关乎树种的悲剧，也是包括人类在内的依靠树木生存的无数其他生命的悲剧。

本书试图体现的正是树木对于人类的价值。350 万~420 万年前，人类的祖先终止了悬吊于树间的运动方式，开始直立行走，但从树栖动物到陆栖猿人的转变并不意味着把树木抛诸身后。我们的原始祖先和较近的祖先都会在夜晚爬到树上躲避捕食者，就像今天的狒狒等陆生灵长类动物的做法一样；我们的早期祖先也会爬树觅食，采集树皮来制作衣服和药用，还会用木材生火。对现代人来说，树木持续不断地为人类提供居所、食物，以及对当地生计、国家经济和全球贸易具有巨大价值的丰富产品。树木产品中价值最高的是木材、薪材、木浆、药物、香料、水果和坚果，其中有许多直接

非洲桑叶榕

Ficus sycomorus

非洲桑叶榕可高达 20 米，这个样本
发现于埃塞俄比亚大裂谷

源于野外，所以缺乏记录，没有受到人们的重视。

本书并不仅仅关注树木的功用，而是对树之存在的真情礼赞。正如教皇方济各在 2015 年的通谕中所提到的：

"无论如何，将不同的物种单单视为可供开发的潜在'资源'，而忽略它们本身就具有价值这一事实，是十分肤浅的。每年消失的动植物物种数以千计，我们将再也无法了解它们，我们的孩子也将无法再看到它们，因为它们已经永远地消失了。绝大多数导致物种灭绝的原因都与人类活动有关。由于我们的作为，成千上万的物种将不再因它们的存在而把荣耀归于上帝，也不再向我们传递它们的信息。我们并没有这样的权利。"

树木是灵感与深情之源泉，是灵性与创造力之滥觞。在本书的篇章中，我们颂扬了历史上几乎每一种人类文化中受树木启发而产生的艺术和建筑。从中国古代艺术作品，到孩子们的童话故事，再到超现代建筑，树木一直是我们的"缪斯"、保护者和沉默的伙伴。

种子

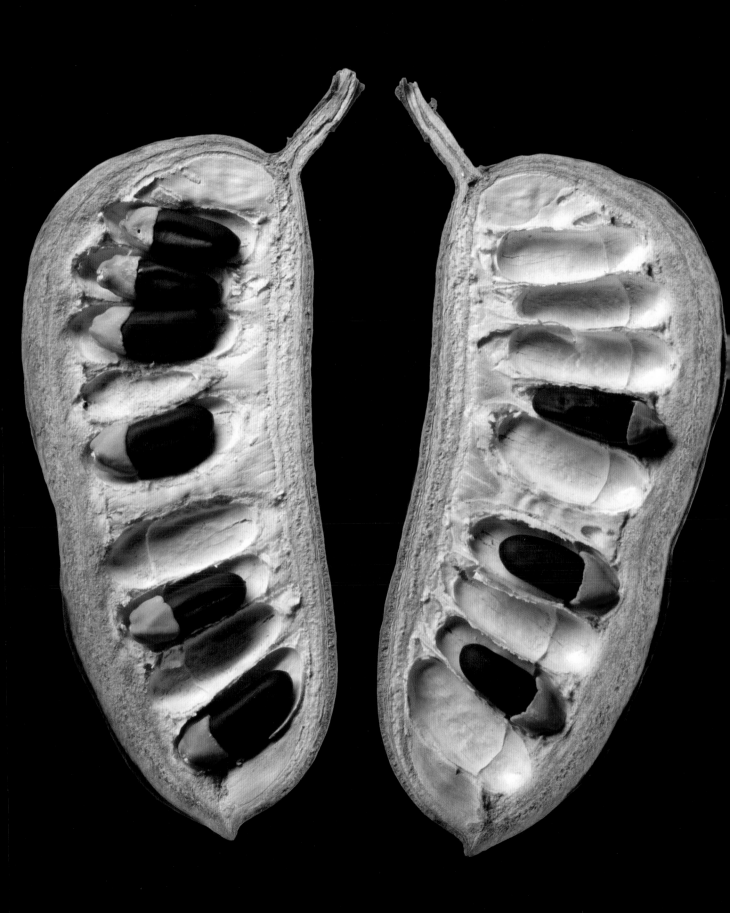

种子

简介

　　对树木来说，繁殖所面临的最大挑战是如何让"孩子们"离家远游。要想真正扎根于大地，就意味着母树必须用创造性的方法将它的后代传播至尽可能遥远的地方，并确保它们一旦找到适宜位置就能茁壮成长。

01

种子的散布与结构

树木将种子包裹起来散布，这样种子就可以展开一场空间和时间上的旅行。翅果和开裂的豆荚等适应性性状使得短距离散布成为可能，例如：旋翼果的名字就起得恰如其分，它带翅的果实如小型直升机一般把种子推离母树。无独有偶，在非洲中部的旱生疏林，短苞豆属（*Brachystegia*）树木的荚果在干燥过程中会发生扭曲，随着"啪"的一声爆响，种子可弹射至 30 米高处。在当地本巴语中，"枪"一词与这种树同名，都是"mfuti"，这绝非巧合。

体积较小、重量较轻、长有长毛的种子能够随风飘扬，实现长距离传播，譬如吉贝（*Ceiba pentandra*）的种子。为了传播得更远，种子会搭上"便车"，附着在动物体外或进入动物体内。马达加斯加的钩刺麻属植物拥有带钩刺的大果实，这样的设计是为了能够附着在动物皮毛之上。人们已经知道这些果实相当棘手，完全可以困住较小的动物。有一次，我在马达加斯加采集种子时，偶然发现了一条被困在粉花艳桐（也称粉花胡麻，*Uncarina stellulifera*）鱼叉状抓钩中的蛇的骨架。马达加斯加没有飞行能力的象鸟（*Aepyornis*）灭绝于 1 500 年以前，由于钩刺麻属植物的果实很大，有人认为它们的种子都是由象鸟传播的；对北半球的读者来说，欧洲栗（*Castanea sativa*）的毛刺状果实更为大家所熟悉。利用动物或鸟类的皮毛、羽毛来搭便车，被称为"外附传播"；而被动物吃掉、运输、吐出或通过动物的粪便传播，被称为"内携传播"。

为了传播得更远，种子会搭上动物"便车"，附着在动物体外或进入动物体内。马达加斯加的钩刺麻属植物拥有带钩刺的大果实，这样的设计是为了能附着在动物皮毛之上。人们已经知道这些果实相当棘手，完全可以困住较小的动物。

尽管内携传播方式需要将种子包装得具有吸引力，但也要避免招引来专门食用种子的动物，因为这些动物会给种子造成无法修复的损害而令发芽受阻。我们要感谢这种包装，正因为有了它们，我们才获得了许多美味的水果。例如，蔷薇科植物为我们提供了李子、苹果、杏、桃、梨、樱桃等可口的水果，所有这些果实都不希望我们吃掉它们的种子，而是期待我们把种子吐在某处，让其发芽、繁衍。生产甜美的肉质果实需要耗费母树的大量能量，一种成本较低的策略是生产"假种皮"等种子附属物，假种皮内含有大量脂肪或蛋白质，为了能够成功引起鸟类或哺乳动物的注意，它们通常色彩鲜艳。非洲的安哥拉缅茄（*Afzelia quanzensis*）就采取了这一策略，用亮丽的鲜红色假种皮吸引鸟类，鸟类会食用假种皮而不会伤及内部的种子。最引人注目的假种皮可能要数马达加斯加的旅人蕉（*Ravenala madagascariensis*），它醒目的亮蓝色假种皮是为了吸引其主要传播者——据说只能看到蓝绿色调的领狐猴。

尽管水是另一种远距离传播手段，但这种方法只对生活在河流或海洋附近的树木管用。美洲红树等构成红树林的树种，其长如铅笔的种子被母树抛入水中，种子在水中漂浮直到抵达适合萌发的浅水区。也许，这些远距离传播者中最成功的佼佼者是椰子，它可以漂洋过海，在海水中生存多年。

> 种子是地球上最坚韧的生物体，在某些情况下可以沉睡千年。

种子萌发

长途跋涉是一回事，能找到合适的安身之所又是另一回事。种子的包装看似非常简单，通常只有一层种皮（外种皮）、一处食物来源（胚乳）和一个胚，但小小的橡子能长成高大挺秀的橡树。种子是地球上最坚韧的生物体，在某些情况下可以沉睡千年，需要满足一定条件才能被唤醒。就像大多数婴儿一样，种子的生长需要适宜的温度、水分和光照。椰子被冲刷到阳光充足、温暖怡人的海岸线之后，会立刻向下生根。为了在这样的情况下生存，椰子演化出了良好的适应性，在胚乳中携带充足的食物，足以支持它长出一条长且有力的直根。这条根扎入土壤寻找淡水，其长度可达 90 厘米。许多热带森林中的树木也采用了相同的方法，它们生产出富含脂肪和碳水化合物的大种子，使种子能够在林地的星点光亮中迅速站稳脚跟，在这样温暖、潮湿的生境中，抽枝拔节追寻阳光、尽可能快地生长是最佳的策略。

02-美洲红树

Rhizophora mangle

美洲红树的繁殖体长如铅笔，它们
虽然类似果荚，但实际上是胚根

03-欧梣（欧洲白蜡）

Fraxinus excelsior

欧梣等树木含有一枚种子的翼状果
实被称为"翅果"

02

对生长在更为干旱、寒冷的环境中的树木来说，快
速发芽意味着踏上前途未卜的征途。因此，它们的种子
在遇到合适的天气条件之前，要能够适应干燥并保持休
眠状态。这种休眠被称为"生理休眠"，要借助温度诱
导（"层积处理"或"春化"）或特定的化学物质诱导发
芽。对生活在温带地区的树木来说，最糟糕的情况莫
过于种子在隆冬时节发芽，此时温度过低，种子必死
无疑，所以要令这些树木的种子发芽，需经过层积处
理。欧梣就是一个很好的例子，它的种子需要在温暖
（24℃）条件下保持至少 30 天，然后置于 4℃冷却至少
60 天才会发芽。如果含水量过高，种子就会结冰，冰
晶会把种子变成糊状，因此在 0℃以下的冬天保持休眠
状态的种子必须干透。对比之下，卡拉哈里沙漠的护肤
桐（*Schinziophyton rautanenii*）等一些稀树草原物种的
萌发，则是受到了烟雾中化学物质的刺激，种子能在野
火过后立即发芽，而此时所有竞争者都已被烧成灰烬。

实际上，最常见的种子休眠形式是"物理休眠"。
要应对这一策略，我们首先需磨掉其坚硬的种皮，之后
水分才能渗入，种子得以萌发。例如，非洲著名的植物
叠伞金合欢（*Vachellia tortilis*）的种子已经演化到可以
通过长颈鹿或大象的肠道，种皮在动物肠道中经过消化
液的充分降解后，种子便可于粪便中发芽。园艺家效仿
了这一过程，在甜豌豆的种皮上划出刻痕，令水分渗入
来诱使其发芽。

03

种子的储藏行为

种子生物学家根据种子对干燥的敏感性,将种子的储藏行为主要划分为两类:能够在干燥状态下长期存活的种子被称为正常型种子,而一旦干燥就会死亡的种子被称为顽拗型种子(异常型种子)。被称为"顽拗"或"异常"关乎这样一个事实,即这些种子无法储藏在低于 0℃ 的传统种子库中。对于这样的物种,科学家得找到一种能将其生殖组织充分干燥的方法,使种子能够经受冰冻而不发生水结晶。这种方法通常涉及:切下种子的胚,用化学"冷冻保护剂"进行组织干燥,并在 –184℃ 的液氮中将其快速冷冻。当人们后续将胚唤醒时,必须给予它食物来源,而这一功能通常是由胚乳来提供的……换句话说,这相当复杂!幸好大多数植物都能结出正常型种子,种子守护者可以安全地对这些种子进行干燥处理,把含水量控制在 6%~7%,并把它们冷冻在 –20℃ 的温度下,贮藏几十年也不会明显损失活力。

种子能存活多久?

我在位于萨塞克斯郡的邱园千年种子库工作期间,我们每隔 10 年就会从库存种子中抽取一小部分样本(通常是 100 粒),尝试让它们发芽,以此来测试种子库中种子的生存活力。然后,我们会将此结果与种子首次入库时相同测试的结果进行比较。因此,如果入库之前有 100 粒种子萌发,而贮藏 10 年后只有 90 粒种子萌发,那么你可以知道,每年的存活率都会下降 1%——这意味着一个世纪后所有种子都会死亡。我们储藏的种子中保存时间最长的只有约 40 年,它们存活得很好……但是,那些真正古老的种子如何呢?

在邱园所收藏的令人感到不可思议的历史文物中,有发现于图坦卡蒙墓的橄榄种子,俗称"图坦卡蒙的坚果"。我们对这些种子进行 X 射线检查后发现它们已完全变质,永远无法发芽了。我们还在邱园植物标本馆中搜寻到数百年前压制的植物标本上的种子,但一直未能将这些种子成功唤醒。

04

　　直到一位荷兰历史学家与我们取得联系，我们的工作才取得了突破。这位历史学家正在研究18世纪丝绸商人扬·蒂林克的生活。1803年，蒂林克乘坐SS亨丽埃塔号从荷属东印度群岛返回荷兰，航行途中他在开普敦停留并收集了40小包种子。当时，英国和荷兰正在交战，蒂林克的船在返航途中被英国护卫舰拦截于英吉利海峡，他所有的货物都被没收了，而他与他的种子则一起被关进了伦敦塔。后来蒂林克得到释放，但他的钱包及钱包内的种子在那儿待了100多年，之后才被送到了当时的英国海军部，最终又来到了邱园的英国国家档案馆。

　　2006年，研究人员在英国国家档案馆中发现了这个钱包，便与千年种子库取得了联系，询问我们这些种子是否仍然存活。我们的第一反应是"不可能"：这些种子在不甚理想的条件下已存放了200多年之久，每一粒种子的存活概率都极低。尽管如此，我们还是愿意尝试，获得了许可并进行了发芽试验。令人大喜过望的是，其中三个物种的种子发芽了！有两种是树木的种子：一种是针垫花属植物（*Leucospermum*），另一种是金合欢属植物（后来发现是甜刺金合欢，*Vachellia karoo*）。

　　我们有能力栽培这种针垫花属植物，它现在已经
成长为邱园温带植物温室中的一棵小树了。更为奇妙的
是，2013 年，借庆祝南非开普敦的克斯腾伯斯国家植
物园成立 100 周年之机，我将这棵树的 10 根插条送回
了开普敦——克斯腾伯斯植物园建立时，其距离 100 多
年前种子最初的采集地点非常近。

　　我们发布 200 岁种子的故事后收到了一位女士的
来信，闪电战期间她曾在（伦敦）自然史博物馆的植物
标本馆工作，她在标本馆里记录到一个类似的偶然发
现。1940 年，德国空军向自然史博物馆投掷了一枚燃
烧弹，点燃了植物标本馆。当伦敦消防队灭火时，水管
中的水促使莲属植物标本上的种子发了芽，这份标本
于 170 年前采集自中国。相较于世界上最古老的活种
子，我们记录的年代实际上还是太短了。2005 年，以
色列生物学家伊莱恩·索洛韦成功地使一些古老的海
枣（*Phoenix dactylifera*）种子萌发了，这些种子是考古
学家在 1963—1965 年间发掘希律王的马萨达宫殿时发
现的。苏黎世大学对这些种子进行了碳定年，发现它们
源自公元前 155 年至公元前 64 年，距今已有 2 000 年
的历史！这项研究结果发表于 2008 年，希律王的种子
代表着迄今为止有记载的、能够在实验室外自然萌发的
最古老的成熟种子。而 2011 年发现于西伯利亚东北部
永久冻土层下 38 米处的一堆种子更为古老，这些种子
保存在古代松鼠冬眠的洞穴之中。经过碳定年，人们发
现这些种子距今已有 3.2 万年之久，科学家从三枚狭叶
蝇子草（*Silene stenophylla*）的种子中成功提取到了胚，
并在实验室中使其萌发了。

椰子

　　水是种子实现远距离传播的一种重要载体，椰子等植物就体现出了这一点。为了达到此目的，种子的适应性包括：能够漂浮在海水中生存数月，并有一层外壳提供保护。

根深叶茂

←椰子和椰树
约翰·纽霍夫，1618—1672 年
线雕画

↓椰树
提供了食物、纤维和建筑材料，为岛屿文明奠定了基础

↘椰仁
椰子的干燥内核被称为"椰仁干"，椰子油就从其中提炼而来。图B中可见

↓散布
为了有机会站稳脚跟，椰子必须被风暴或大潮卷至涨潮线以上

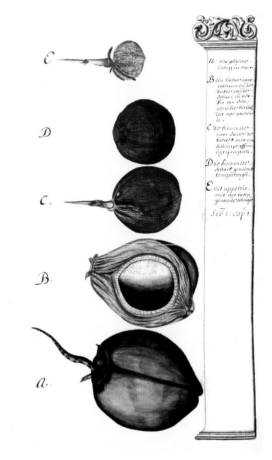

建筑

这座位于法国巴黎的公寓楼由当地建筑公司爱德华·弗朗索瓦建筑事务所（Maison Edouard François）进行设计，16 层高的外墙上长满了植物，形成了双层立面。负责设计的工作室解释道："我们的塔楼覆盖着来自野地的植被，它就是一个播种工具，让风能将一级纯度的种子散布到城市环境中。"

← M6B2 生物多样性塔楼，巴黎
爱德华·弗朗索瓦建筑事务所，
2016 年
环绕建筑外层的不锈钢网为植物提供了可攀爬的框架，让这些植物的种子随风播散到整座城市

↓ 内层立面由可回收的绿色钛板制成，好似为建筑增添了苍苔，在阳光下微光闪烁

尺寸

　　从细如针头的微小尺寸，到直径超过 30 厘米的超大尺寸，树木种子的大小千差万别。较大的种子发芽很迅速，而较小的种子则能在干燥后过几年再萌发。较大的种子耐受干旱的可能性偏小，因经受不住干燥、冷冻和储藏，被称为顽拗型种子。相比之下，较小的种子适合接受干燥处理，能在低温下储藏并可于几年后发芽，这样的种子被称为正常型种子。

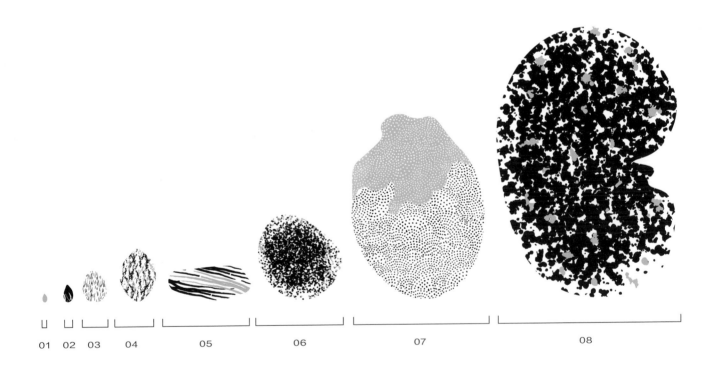

01　02　03　　04　　　05　　　　06　　　　　07　　　　　　08

01−红云杉

Picea rubens

4 毫米

02−苹果

Malus pumila

8 毫米

03−杏

Prunus armeniaca

2 厘米

04−桃

Prunus persica

3 厘米

05−杧果

Mangifera indica

7 厘米

06−加州七叶树

Aesculus californica

7 厘米

07−埃塞俄比亚糖棕

Borassus aethiopum

11 厘米

08−油鳕苏木

Mora oleifera

15 厘米

09−椰子

Cocos nucifera

15 厘米

10−海椰子

Lodoicea maldivica

30 厘米

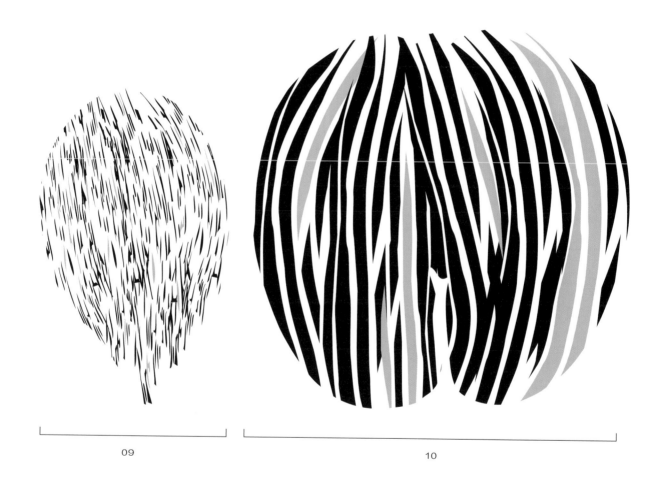

09

10

种子

散布适应性

　　种子借助风、水和动物来散布，种子的形状通常能揭示出它们最常见的散布方式。

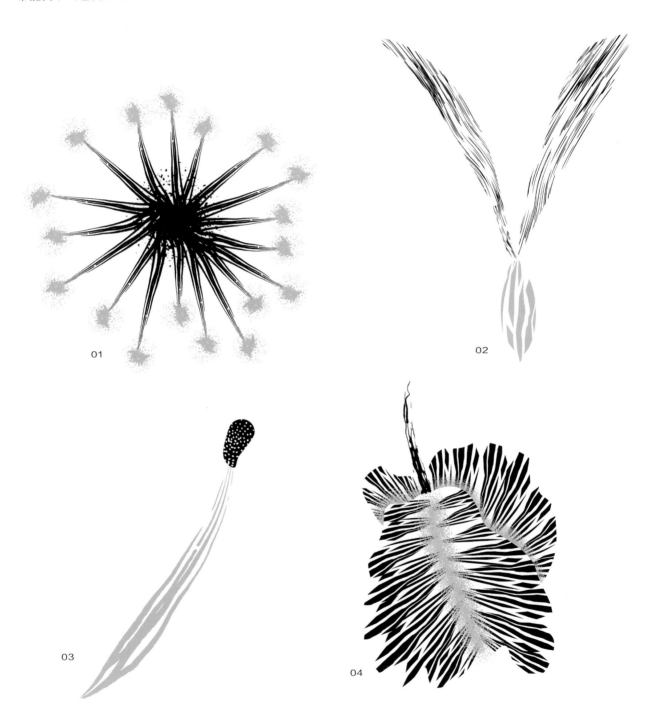

01

02

03

04

01-钩刺麻属

Uncarina

这种马达加斯加树木的果实长有钩状刺，可以钩住皮毛或羽毛，搭上"顺风车"

02-旋翼果

Gyrocarpus americanus

旋翼果长有双翅的果实旋转起来好似螺旋桨，因此种子能散布到很远的地方

03-美洲红树

Rhizophora mangle

美洲红树的矛状果实直接落入泥中，或是随波逐流，在别处安家

04-风车子属

Combretum

风车子属植物的果实有4~5个小翅膀，它们能被阵风卷走，在土表迁移不短的距离

05-绢毛榄仁

Terminalia sericea

榄仁树属（*Terminalia*）是风车子属的近亲，但它们的种子只有2个翅膀，不能有效地"御风飞行"

06-娑罗双

Shorea robusta

龙脑香科的一员，以硬材闻名亚洲。"dipter- ocarp"意为"双翼的果实"

07-欧梣

Fraxinus excelsior

欧梣的单翼果实旋转着捕捉风，这得益于它不对称的结构，种子让果实的一端变重了

08-欧亚槭

Acer pseudoplatanus

欧亚槭是槭树家族的一员，槭树家族的全部植物都有随风飘散的带翅种子

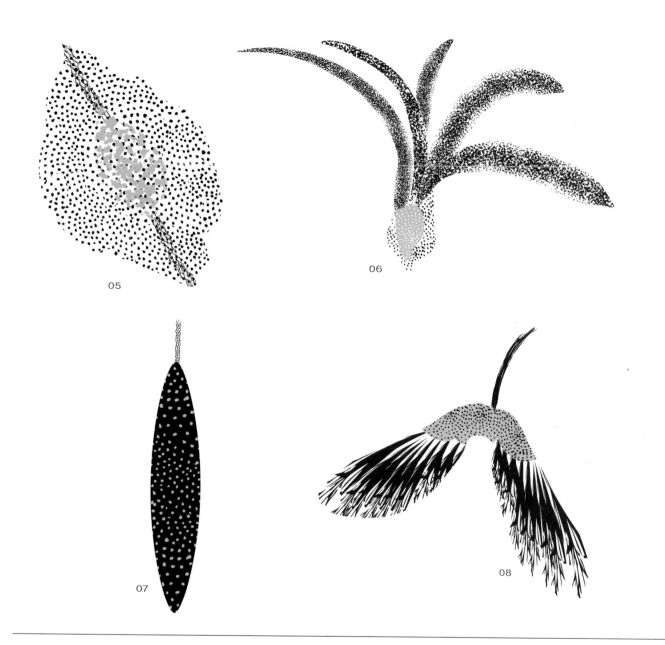

05

06

07

08

传播距离

种子的不同散布机制造就了不同的传播距离，从几米到几千千米。这就解释了为什么有些树种能够广布全球，而有些树种则局限于狭小的地理区域内。

01

02

03

根深叶茂

01-旋翼果

Gyrocarpus americanus

螺旋桨状的种子传播距离为10~20米。长着大翅膀的重型种子很难传播到更远处

02-穗花短苞豆

Brachystegia spiciformis

爆炸的豆荚传播距离为30米。穗花短苞豆的豆荚在干燥时发生扭曲，最终随着一声巨响爆裂，把种子弹出很远

03-吉贝

Ceiba pentandra

种子随风飘动，传播距离为1千米。吉贝微小的种子附着在羽毛般的长绵毛上，可以被风吹出很远

04-旅人蕉

Ravenala madagascariensis

动物散布的传播距离为10千米。这些亮蓝色的假种皮吸引了领狐猴，领狐猴吃下它们并通过粪便散布种子

05-安哥拉缅茄

Afzelia quanzensis

种子靠鸟类散布，传播距离为100多千米。鸟类将缅茄的红色假种皮带走、吃掉，种子毫发无伤

06-椰子

Cocos nucifera

种子靠水散布，传播距离为1 000多千米。椰子在被冲上岸扎根之前，可以穿越整片海洋

04

05

06

种子

颜色

不同颜色的种子吸引着不同的种子散布者。
鸟类尤其喜欢颜色鲜艳的种子，如下图所示的黑
刺桐和相思子的种子。

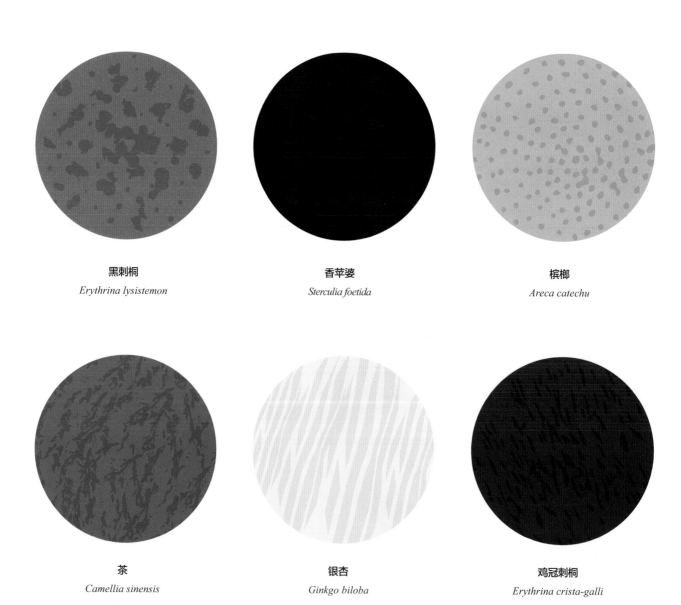

黑刺桐
Erythrina lysistemon

香苹婆
Sterculia foetida

槟榔
Areca catechu

茶
Camellia sinensis

银杏
Ginkgo biloba

鸡冠刺桐
Erythrina crista-galli

黑海榄雌

Avicennia germinans

美国栗

Castanea dentata

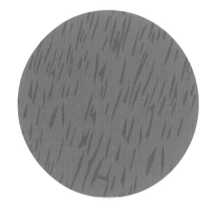

旅人蕉

Ravenala madagascariensis

欧洲甜樱桃

Prunus avium

相思子

Abrus precatorius

日本小檗

Berberis thunbergii

果实

果实是种子的容器，因此它们在种子散布过程中也发挥着至关重要的作用——关键的区别在于，一旦种子散布完成，果实就可丢弃。

01

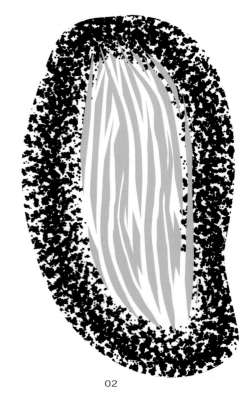

02

03

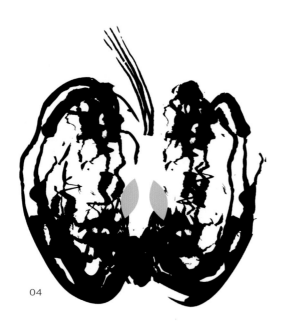

04

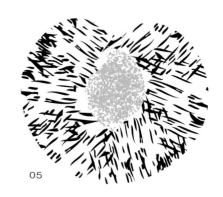

05

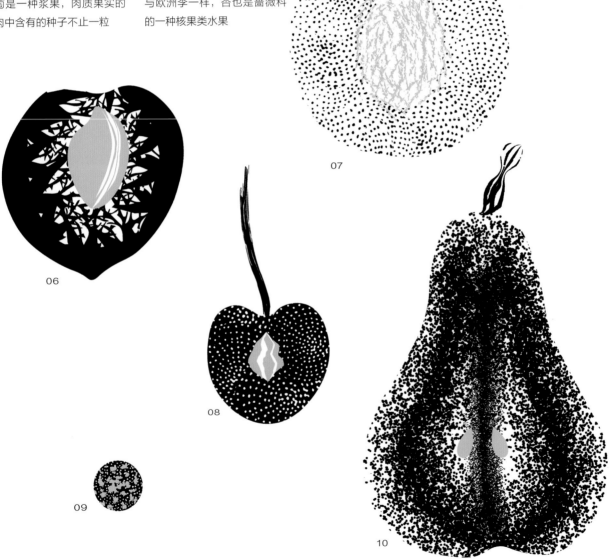

01-甜橙

Citrus sinensis

柑橘类水果是被分隔开的浆果，被称为柑果

02-杧果

Mangifera indica

杧果是一种核果，它有一个坚硬的果核，周围包裹着柔软的果肉

03-葡萄

Vitis

葡萄是一种浆果，肉质果实的果肉中含有的种子不止一粒

04-苹果

Malus pumila

苹果的果实被称为梨果，是一种果肉相对较硬的肉质果实，果肉包裹着含有种子的果核

05-欧洲李

Prunus domestica

欧洲李也是一种核果，坚硬的果核包裹着种仁

06-杏

Prunus armeniaca

与欧洲李一样，杏也是蔷薇科的一种核果类水果

07-油桃

Prunus persica var. *nuci-persica*

油桃是桃的一种，果实和其他所有的李属植物果实一样是核果

08-欧洲甜樱桃

Prunus avium

樱桃是桃、杏和李的亲戚，它的果实是核果

09-黑茶藨子

Ribes nigrum

黑茶藨子的果实是一种浆果，与葡萄一样（亲缘关系并不接近）

10-西洋梨

Pyrus communis

西洋梨与它的近亲苹果一样，其果实也是梨果

种子

种子库与"种子圣殿"

数千年来，人们一直在储存种子，把它们从一个季节保存至下一个季节，或是供自己使用，或是与其他农民进行交换。20 世纪初，人们开发出作物种子库（或基因库），作为种子收集的"资料室"，用于作物育种。科学家利用收集的这些种子，可以对不同的栽培品种进行杂交，培育出新的作物，以获得抗病、增产或耐旱等特定性状。作物种子库的创始人是苏联植物学家尼古拉·瓦维洛夫，他毕生的工作是确定作物起源的历史中心，以及从全球各地收集种子用于育种。他收集的种子储藏在列宁格勒（今圣彼得堡）农业科学院的种子库中。1942—1944 年，第二次世界大战期间，列宁格勒被德国军队围困，负责种子库的科学家宁可饿死，也不吃库中珍贵的种子，这一事迹广为流传。瓦维洛夫由于失去了苏联领导人的支持，于 1943 年在狱中逝世。

> 赫斯维克工作室的策划理念是建一座大胆的"种子圣殿"，游客在圣殿内部可以看到五彩斑斓的种子嵌于 6 万根亚克力棒的末端。

自瓦维洛夫时代以来，作物种子库数量激增，作物育种、肥料和农药共同构成了绿色革命的基础，使我们能够养活全球 70 亿人口。如今，有 1 700 多个基因库保存着用于育种的作物种子；其中最著名的可能就是斯瓦尔巴全球种子库，它坐落于北极圈内偏远的斯瓦尔巴群岛。人们通过深挖山坡建造了这个无人操纵的设施，利用永久冻土将种子保持在长期生存所需的低温之中。斯瓦尔巴全球种子库于 2008 年开放，目前保存着来自世界各地的 100 多万份种子样本，为这些农作物提供了"备份"保险，以防它们在其他地方失传。

我们食用的农作物只占植物多样性中的一小部分。我们从植物中获得的约 80% 的热量和蛋白质，实际上仅来自 12 种植物，光是小麦、水稻和玉米就贡献了 50% 以上。相比之下，丰富多样的植物总计约 40 万种，其中约有 6 万种是树木。它们中的许多种类（可能多达 1/3）可直接为人类所利用，在 1992 年的里约地球峰会之后，对生物多样性丧失的担忧促成了一场在种子库中保护非作物物种的运动。

最雄心勃勃的非作物种子库计划是千年种子库（MSB）项目，顾名思义，该项目于 2000 年由英国皇家植物园邱园启动。邱园地处伦敦泰晤士河旁的洪泛区，因此，千年种子库并没有建造于此，而是坐落于邱园以南 100 千米的萨塞克斯郡，选址在海拔 100 米的韦克赫斯特庄园。这个耗资 1 800 万英镑的设施由防弹且防洪的地下拱顶、最先进的实验室和一个中央中庭构成，通过中央中庭游客可以看到科学家在那里工作。千年种子库的设计效仿了萨塞克斯原野的连绵山丘，除了是一座标志性的建筑，它还具有很强的功能性：千年种子库储藏了 4 万多种植物的共计超过 24 亿粒种子。通过与全球各地合作机构的紧密联系，"千年种子库合作计划"催生出大量"野生"植物种子库，其中包括南半球最大的种子库——位于澳大利亚悉尼附近、建筑风格独特的植物银行。

2009 年，我作为千年种子库的负责人，接待了英国设计师托马斯·赫斯维克的来访，他赢得了 2010 年上海世博会英国馆的设计和建造委托，正在为此寻找灵感。赫斯维克工作室的策划理念是建一座大胆的"种子圣殿"，游客在圣殿内部可以看到五彩斑斓的种子嵌于

斯瓦尔巴全球种子库
斯瓦尔巴群岛，北极圈
这是一个无人操纵的作物种子库，
利用永久冻土来长期保持低温

6万根亚克力棒的末端，而亚克力棒像豪猪背上的刺毛一样延伸到建筑之外。千年种子库面临的挑战是如何获取他所需要的数十万粒种子。为了完成这项任务，我们的合作伙伴从世界各地寄来了种子，但在运往上海时发现这批种子因故无法入境。千年种子库的种子形态专家沃尔夫冈·斯图皮被紧急派往中国，与我们在中国西南野生生物种质资源库的朋友和同事合作，从中国境内获取了所有种子。这项工作在短短几周内就完成了，而这座建筑也得以变成现实。该展馆既是一座艺术装置，也是一个展览中心，以其抽象的演绎，被参观者称之为"种子圣殿"。在为期6个月的展览中，有800万人参观了这座展馆。"种子圣殿"赢得了英国皇家建筑师协会国际奖、英国皇家建筑师学会莱伯金奖和伦敦设计奖。

千年种子库

　　坐落于萨塞克斯郡韦克赫斯特庄园的邱园千年种子库是世界上最大、最多样化的种子库，作为防止灭绝的保险措施，那里储藏了 4 万多种植物的种子，为科研工作提供了种子材料的来源。

← 种子储藏

千年种子库中的种子密封在玻璃瓶中，储藏于−20℃，在这样的条件下，种子可以存活数百年

↓ 千年种子库建筑

参观者可以看到科学家在玻璃中庭里工作，种子则存放于地下防洪、防爆、防辐射的穹顶内

赫斯维克工作室的种子圣殿

    2010 年上海世博会英国馆的设计工作由赫斯维克工作室完成。这一非凡结构展示了来自中国科学院昆明植物研究所管理的中国西南野生生物种质资源库的 20 多万粒种子。

← 亚克力棒从建筑中伸出，外表看起来好似豪猪背上的毛刺。夜晚，彩色灯光的照射使灰色外观焕然一新

↘种子圣殿，上海
赫斯维克工作室，2010 年
种子圣殿的内部由 6 万根亚克力棒构成，每根亚克力棒都嵌入了多彩的种子，光线穿透亚克力棒，视觉效果非凡

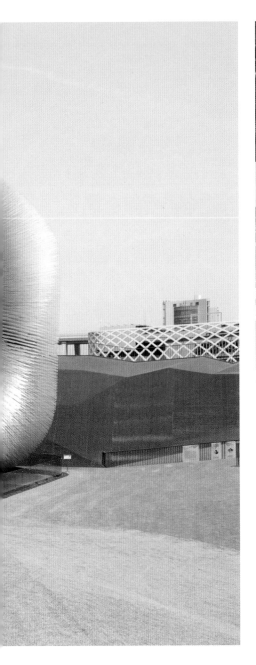

种子

叶

简介

　　树叶是我们常常忽略或几乎注意不到的一抹绿色，是令人舒缓、安心的乡村背景，是儿童画里棕色枝条上模糊的斑点。有些树叶在秋季短暂地展现出魅力，又在翌年春天恢复了平常。树叶是非凡的，遗憾的是我们并没有给予它们更多关注。树叶养育了我们，为我们提供氧气、治疗疾病，也为我们遮风挡雨并带来灵感。

01

有些叶片瞬息即逝，寿命不过几周，而有些叶片却可以活得比人的一生还长。每片树叶都是一个食物和氧气的加工厂，这才使我们的星球变得宜居。叶片盈千累万，一棵成熟的树可拥有多达 20 万片叶子，将这个数乘 3 万亿就得到了地球上树叶的大致总量，相当于人均拥有约 8 500 万片树叶。

小学生都知道叶是光合作用的场所：二氧化碳和水在这里转化为有机物和氧气，这一过程由太阳光能驱动。这种制造食物的能力被称为"自养"，由此可见，树木尽管身材高大，但仍处于许多食物链的底端。树木对众多生物来说是不可或缺的。例如，科学家发现大约有 2 300 种无脊椎动物、哺乳动物、鸟类、地衣和真菌都在某种程度上依赖着夏栎（Quercus robur），而这个数字还不包括细菌和许多其他的微生物。并非所有生命都是基于叶的食物链的直接组成部分，但有数量可观的生物参与其中，从啃食树叶的毛虫到土壤中分解树叶的腐生真菌。在直接以树木为食的动物中，吃叶子的哺乳动物被称为食叶动物，即使是所谓的食草动物（吃草和低洼地带的植被）也会不时地吃树叶。大象和长颈鹿比其他动物够得更高，能探入最高的树顶，这就意味着它们无须与吃较小灌木的羚羊群竞争。马达加斯加、新西兰和澳大利亚的巨型鸟类也以树叶为食，而树木发展出了一系列机制，阻止这类巨型食叶动物的出现。

人类并不会大量食用树叶。好比非洲和马达加斯加的猴面包树（Adansonia digitata），虽然它的树叶能吃，还是一种不错的蔬菜，但比起长在地面的众多其他菜类，猴面包树的叶片并非伸手就能够到的，在最需要食物的漫长旱季里，猴面包树叶更是无法获取。

我们或许不会大量食用树叶，但会通过饮用树叶来进行补充。2019 年，全球茶叶的出口总值超过了 60 亿美元，其中 1/3 来自中国，中国人饮茶的历史至少有 6 000 年之久了。像几乎所有以叶为基的饮料那般，古代文化将茶视为健康饮料，还将其当作药物加以利用。

01-秋叶
汤姆·汤姆森，1915 年
木板油画

如今，阿育吠陀医学和传统中医仍在使用上千种植物，尽管人们常常认为树皮和根部药效更佳，但叶仍是这些药典中重要的组成部分。我早年在赞比亚穆钦加山区从事植物学家的工作时，记录了传统行医者对各种树木的使用情况。有一种治疗癫痫的独门秘方是：治疗者咀嚼马达加斯加章鱼豆（Bobgunnia madagascariensis）的叶片，并向患者的口、鼻和肛门吹气。很多传统药物的功用有共同之处，即以预防而非治疗为主。这种方法效仿了自然界中包括食肉动物在内的所有动物，它们会选择服用一些植物来帮助自身保持健康，这就是狗和猫有时会吃草本植物的原因。

几千年来，树叶除了作为食物和药物来源维持着人类的生命，还是人类灵感的源泉。菩提树（Ficus religiosa）的叶成了绘制精美印度艺术作品的微型画布，而印度–波斯艺术中也有丰富的树叶意象与图案，阿布·阿尔·哈桑的画作和泰姬陵上的装饰就证明了这一点。在中国，"明四家"之一的仇英笔下的树十分精致，每片树叶都描绘得细致入微。在西方艺术中，工艺美术运动通过光线和色彩创造了树叶的细节感。这方面最伟大的典范也许是相对鲜为人知的加拿大艺术家汤姆·汤姆森，他对阿尔贡金湖秋日叶色的描绘完美地诠释了糖槭和杨树的绚烂。

显然是一种优势，在具有淋溶土、酸性土的高地荒原中也是如此，针叶树比落叶阔叶树更具竞争力。

落叶和寿命

由于涉及一系列的权衡，对树木来说每年落叶是一个艰难的抉择。选择落叶的其中一个关键性优势在于，当气温骤降或缺水导致难以进行光合作用时，树木可以在休眠状态下度过冬季。因为没有树叶承受风的侵袭和雪的重量，折断枝丫和遭受严重伤害的风险也会降低。此外，当春天来临时，在新叶长出之前开花，更有助于风媒花的传粉。不过，另一方面，在秋季将树叶中全部的养分丢弃，意味着树木需要把营养存在别处，或者在土壤中寻找另外的养料，以便在春季制造新叶。

这种养分的权衡也会影响树叶寿命。通常，我们把树叶看作每年或每隔几年就补充一次的短寿命结构，但事实并非如此，一些热带常绿乔木的树叶可于树冠中留存数十载，森林树冠中的实验证明了这一点。科研人员对树冠的叶片进行标记，几十年后发现被标记的树叶仍在那里。长寿命叶片的主要优势在于它保住了珍贵的养分，而不是将其丢弃。这就解释了为什么常绿树种在贫瘠的生境中占据主导地位，因为自然选择更倾向于保留养分。

根据《吉尼斯世界纪录大全》的记载，叶片寿命最长的植物是百岁兰。称百岁兰为树也许有些牵强，但它的确能长到 1.5 米高。这种非凡的植物发现于纳米布沙漠，它的寿命可长达 2 000 年。它有两片一生中不断生长的叶子，其中最大的叶片可延伸超过 8 米，叶顶逐渐磨损而叶基不断新生。在沙漠生境中，留存宝贵的养分

> 一些热带常绿乔木的树叶可于树冠中留存数十载，森林树冠中的实验证明了这一点。科研人员对树冠的叶片进行了标记，几十年后发现被标记的树叶仍在那里。

叶色

就落叶树而言，我们在秋季欣赏到的黄、橙、红、紫、棕的美妙色调也是养分故事中精彩的片段。叶片常呈绿色是由于含叶绿素。叶绿素是驱动光合作用的分子，它与镁、磷酸盐等珍贵的微量营养物，以及在冬季或旱季随树木休眠而分解的蛋白质息息相关。当这些营养物被吸收回树干时，黄色的叶黄素和橙色的 β–胡萝卜素等其他色素便显现出来，为叶片装扮上独特的秋季色彩。随着磷酸盐在接近夏末时被树木重新吸收，另一组色素花青素便产生了，正是由于这些色素的存在，才使得我们在很多植物（尤其是糖槭等树种）的秋叶中看到红色和紫色。秋叶色彩的亮度取决于树种和天气，天气影响着树叶中发生的化学反应。通常光线越充足，天气越寒冷，叶色越五彩斑斓。花青素也存在于春季发红的叶片中，如非洲中南部面积超过 200 万平方千米的旱生疏林，其春季的叶色就比秋季更加绚丽壮观。

02-百岁兰属

百岁兰（*Welwitschia mirabilis*）
被列入了《吉尼斯世界纪录大
全》，百岁兰属植物拥有世界
上最长寿的叶片。这种非凡的
植物发现于纳米布沙漠中，寿
命长达 2 000 年

03-糖槭

Acer saccharum

花青素产生于夏末时节，我们
在糖槭叶片中看到红色和紫色，
原因就在于这类色素的存在

叶形

　　植物学家用叶片的形状、质地和颜色来识别树木
和其他植物。与花和果实不同，一年中多数时间甚至全
年，我们都能在树上找到树叶，因此树叶是很好的植物
野外识别特征。植物学中有一整套关于叶形、叶缘、质
地、表皮毛、叶色和叶脉的词汇，考虑到这些词汇对非
专业人士来说帮助不大，本书用简图进行示意。大部分
人天生就具有识别叶形和区分植物的能力，这或许与人
类的狩猎采集历史有关。假如植物间的亲缘关系很近，
我们就只能借助花或果的特征来加以鉴别，这着实有些
棘手；对业余爱好者和专家来说，同一树种乃至同一棵
树上叶片形态的多样性又是另外一个挑战。

　　鉴于掌握少量树种的识别特征需要付诸努力，要成
为精通整个植物类群的专家则需花费一生，植物学家一
直在探索自动识别技术的极限。叶脉类型有助于辨别树
种，也适合机器学习，在此过程中可让机器来检测、记
住叶脉类型并匹配特定的植物。人们用植物叶片的 X 射
线扫描结果来探索这一方案的可能性，但在野外用 X 射
线扫描叶片显然不切实际，取而代之的是如今不胜枚举
的植物识别应用程序，它们能从智能手机的照片中搜集
包括叶形、质地、叶色和叶脉在内的诸多叶片特征。实
际上，每种植物都有不同的光谱特征，通过相机将其采
集，再由机器迭代学习便可实现软件识别。为了能准确
地辨识植物，人们通常需要大约 300 张不同的图像来建
立某个特定植物物种的识别特征。

03

02

光谱特征

叶片的光谱特征不仅能够帮助那些使用手机应用程序识别花园中或路边的植物的人，对那些兴趣在于森林组成的生态学家和自然环境保护者来说，它也具有潜在的价值。人们常常使用卫星图像和无人机、飞机拍摄的照片，来评估森林覆盖率、森林分布和森林损失，但是当评定森林组成（森林健康和保护价值的重要指标）时，这些图像就无能为力了。近年来，科学家一直在训练卫星，试图用卫星来识别特定树种的光谱特征，这需要将光谱特征与经过验证、得到准确命名的树种相匹配，而植物园在这方面发挥着举足轻重的作用。世界上的植物园和树木园里生长着大约1.8万种不同的树，这些树种都有准确的名称且便于进行科学研究；然而，在野外有大约6万种不同的树，在我们能够将其全部表征化并运用于空中自动识别之前，还有相当长的路要走。

04

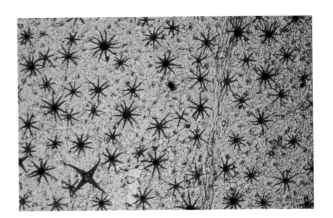

05

叶片质地

叶片质地可以很好地指示树木的生长环境。表面积较小的蜡质叶片，如树状仙人掌、树状大戟属植物的叶片，以及马达加斯加干燥森林、多刺灌丛中令人称奇的刺戟木科植物的叶片，就适于保持水分。这些多肉植物的叶片也往往具有更少的气孔——实现气体和水蒸气交换的口状叶片结构，而且与潮湿环境中生长的植物不同，它们的气孔在沙漠凉爽的夜晚才会张开，通过这种方式保存水分。叶片表皮毛是另外一种节水机制；表皮毛越浓密，越能减少气孔周围的气流，从而降低蒸腾速率。其他树木则通过改变叶片形状的方式，尽量减少叶表面积来降低水分流失，包括针叶树的针形叶和相思树属植物的叶状柄，这两种叶片的表面积与体积的比值很小，使得水分得以保存。

相比之下，水湿环境中生长的树木就可以无拘无束地蒸腾。在温暖的白天，它们通过开放成千上万个气孔来排出水分。在此类环境中，叶片的质地、形状和排列方式都是为了适应尽可能多地排水，例如：许多雨林植物的叶片都具有滴水叶尖，叶脉和表皮毛的排列方式也是为了能更快地排出更多的水。一些水生植物，如莲属植物的叶片具有疏水性，可以非常有效地拒水，被蜡覆盖的浓密微毛与水滴在叶表形成一个低接触层，防止水滴与叶表粘连，并可以让水滴从叶片上完整地滚落。人们已使用纳米技术对这一结构进行了改良，创造出"自洁"表面，应用于玻璃、涂料、油漆、屋顶瓦片和织物等处。

树叶防御

树叶是树木生产食物的引擎，这表明叶片富含营养物质，损失过多的叶片是树木所无法承受的。树木一旦生根发芽，便会在此地度过一生，基于这样的事实，想要避免食叶动物取食叶片，它们可没有太多选择的自由。"食叶动物"一词可能包含着稍许温和的含义，但对树木来说，食叶动物就是捕食者，必须采取强有力的防御措施来阻止它们。摆脱食叶动物最简单易行的方法是长得更高，让大部分树叶对食叶动物（尤其是大型食草动物）来说无法触及。一头大象每天可以吃掉250千克饲料，黑犀牛的食量也不相上下，二者之间的区别在于：大象能触碰到高得多的地方，通常可达6米。长颈鹿则更高，所以显然需要成为一棵相当大的树才能完全躲开树叶捕食者。即便是参天大树也得与树懒、考拉和一些灵长类树栖食叶动物做斗争，但这些动物的食量往往小得多。科学家在一些与巨型鸟类有关的岛屿生态系统中，发现了一个有趣的特异性状——"之"字形分支现象，例如：在马达加斯加，曲龙木（*Decarya madagascariensis*）等灌木会长出"之"字形排列的小叶片，人们认为这种叶片排列模式是为了迷惑马达加斯加象鸟而产生的适应性（马达加斯加象鸟重达750千克，是一种现已灭绝的陆生鸟类）。我们不能确定象鸟吃什么食物，但令人震惊的是，人们在新西兰也发现了类似的"之"字形排列的树叶，而与象鸟亲缘关系最为接近的现存近亲无翼鸟就生活在此。

对较小的乔木和灌木来说，如果不能把树叶藏匿起来，或者置于动物无法触及的地方，就要采取更为积极的措施。长出枝刺、叶刺和皮刺是最基本的方法：枝刺是经过改造的枝或茎，而叶刺主要由托叶发育而成——托叶是一种经常能在叶柄基部找到的小附属物。

然而，与通常又小又柔的叶状结构——托叶不同，叶刺是又硬又尖的木质化结构。有的叶刺来自不同的器官，如仙人掌上的那些倒钩芒刺就源于变态的叶；另外，皮刺更类似于叶片表皮毛，因为它们都来源于植物的皮层或表皮，包括叶缘刺齿也是这种情况，欧洲枸骨（*Ilex aquifolium*）的叶片就是一个例子。所有这些结构的共同之处在于，它们都起到了威慑捕食者的作用，为此，在树干、枝条和叶片上分别能找到枝刺、皮刺和叶刺。然而，正如为了触及更高的树木，长颈鹿通过自然选择越变越高，长颈鹿也发展出了一套对付相思树枝刺和叶刺的方法，那是它最爱的食物。长颈鹿的第一道防线是它厚如皮革的舌头，枝刺无法将其扎破；而且它的唾液具有防腐性，即使真的被刺破，伤口也不会感染。但这并不意味着捕食者赢得了战争，事实上，一棵树被啃食得越多，它产生的枝刺和皮刺就会越多。此外，物理防御并非树木武器库中唯一的武器，树木也参与化学战。

对较小的乔木和灌木来说，如果不能把树叶藏匿起来，或者置于动物无法触及的地方，就要采取更为积极的措施。

北半球的许多读者都熟悉异株荨麻（*Urtica dioica*）和它蜇人的刺毛。荨麻不是树，但如果把荨麻的大小和火力都按比例放大，你就会得到一棵澳大利亚东海岸森林中 5 米高的桑叶火麻树（*Dendrocnide moroides*），俗称金皮树。与荨麻科所有蜇人的植物一样，金皮树通过微小的中空刺毛，将毒素注入动物的皮肤，从而造成伤害。

棕榈树叶
棕榈科
棕榈树的扇形叶片非常坚韧，使其能够抵御最强的风

就金皮树而言，这种毒素是一种被称作金皮肽的物质，它引起的疼痛感就好比同时遭受热酸灼伤和电击。据说最有效的治疗方法是用稀盐酸涂抹患处使肽变性，再用蜡条去除剩余的刺毛（如果这是治疗方法，想象一下得有多疼！）。

尽管这种化学防御措施很了不起，但仍有不少小型有袋动物、鸟类和昆虫会吃金皮树的叶子，这表明全面攻击并不总是树木的最佳策略。更微妙的化学控制手段或许收效更佳，比如产生高浓度的鞣质（单宁）和生物碱，这不仅会使叶片不再那么可口，还会扰乱动物的消化功能。这是一种非常普遍的策略，一般来说，叶片越老，积累的鞣质和生物碱就越多。

在树木使用化学物质阻止食叶动物的众多方法中，也许最有趣的一种是间接防御，即树木或植物向另一种生物提供奖赏，以驱离食叶动物。间接防御最著名的例子发现于喜蚁植物中，这些植物通过额外的蜜腺，向蚂蚁提供含有糖、脂肪、蛋白质的食物，把蚂蚁引来。牛角金合欢（*Vachellia cornigera*）是一种产自墨西哥和中美洲的喜蚁植物，它不仅为蚂蚁提供食物，还以空心刺或虫菌穴的形式为蚂蚁提供庇护所。作为对食物和庇护所的回报，蚂蚁发现来自昆虫、牲畜甚至人类的威胁时，就会释放出一种信息素，让附近所有的蚂蚁都赶来参加这棵树的保卫战。人们认为，其他动物也能感知到这种信息素，从而退避三舍。

尽管树木静止不动，但它们远非毫无防备。下次你再闲来无事揪下树叶时，可得记住了。

银杏

Ginkgo biloba
因为与2.7亿年前的标本相似，
银杏常被称为"活化石"

仿生学

　　也许，莲（也称荷花）是地球上最著名的疏水植物，也就是说能防水。下雨时，荷叶的蜡质表面使水珠带着污染物完整滚落，这种自洁过程被称为"荷叶效应"。

←莲

Nelumbo nucifera

对生于水湿环境中的植物来说，能够防水或把水排走是一种优势

↓防水夹克

人们在防水织物、玻璃、油漆等表面的制造中运用纳米技术，模仿了荷叶的天然疏水性

叶

艺术

　　一些全球最著名的艺术家和画家，从文森特·凡·高到乔治娅·奥·吉弗，从古斯塔夫·克里姆特到大卫·霍克尼、再从保罗·高更到瓦西里·康定斯基，都将树木作为主题，捕捉叶之美与叶之韵。

← **橄榄树**

文森特·凡·高，1889 年

布面油画

凡·高指出："与抽象主义相比，我的绘画作品是一种相当粗糙的现实主义，尽管如此，它还是会传达出一种乡村气息，散发着泥土的味道。"

↓ **木樨榄**

Olea europaea

作为阔叶树，木樨榄是比较少见的常绿树种，不过木樨榄叶片的寿命并不太长，这一点与这种树本身不同

叶

汤姆·汤姆森和七人画派

大多数读者都熟悉莫奈、马奈和西斯莱等印象派画家，以及包括凡·高在内的后印象派画家所创作的花园和自然题材作品，而加拿大的后印象派画家汤姆·汤姆森和七人画派却鲜为人知。七人画派由麦克唐纳组建于1920年，成员包括詹姆斯·E. H. 麦克唐纳、弗里德里克·瓦利、亚历山大·Y. 杰克逊、劳伦·哈里斯、弗兰克·约翰斯顿、阿瑟·利斯麦尔和富兰克林·卡尔米歇尔，大多数成员都曾在第一次世界大战前为多伦多的Grip平面设计公司工作。虽然汤姆·汤姆森不是七人画派的成员（他于1917年去世），但他也曾是Grip公司的一名短期员工。认识画派中的大多数成员并深受其影响。他曾与杰克逊和利斯麦尔一同旅行、创作，而且他的绘画生涯得到了麦克唐纳的支持与指导。1907年，麦克唐纳结束了在伦敦为期3年的工作，返回Grip公司担任设计总监，他在伦敦期间接触到了工艺美术运动。艺术史学家认为，包括后印象派、新艺术主义、工艺美术运动和抽象表现主义在内的各种艺术形式，都影响了汤姆·汤姆森和七人画派。他们共同发起了加拿大首次重要的国家艺术运动，他们的创作直接受到加拿大自然景观的启发。

汤姆森的大部分画作都创作于加拿大安大略省的阿尔贡金公园及其周边地区。该公园建于1893年，兼具休闲区与伐木区，公园里湖泊、河流、林地等复杂地形交错分布。公园春秋两季的色彩最是令人心旷神怡，汤

他们共同发起了加拿大首次重要的国家艺术运动，他们的创作直接受到周围加拿大自然景观的启发。

姆森花费数月在此划独木舟、创作风景画，他在木板上绘制了400多幅油画速写稿，并由此完成了约50幅油画作品。汤姆森最为人们所熟知的作品画的是松树（《西风》和《短叶松》），然而，他在《丰饶的十月》和《在北国》等画作中，对白桦和杨树秋色的描绘可能更为美轮美奂。1917年7月8日上午，汤姆森独自泛舟湖上，这是他最后一次出现在人们面前。当天晚些时候人们发现了他所乘的独木舟翻倒着，8天后找到了他的遗体，他的手表停止在12时14分，太阳穴上有一块10厘米长的瘀伤，验尸官判断他是溺水而亡；几年后又有传言称他死于自杀甚至是谋杀，多数历史学家都认为这些推测没有根据。尽管众所周知他是一个划船高手、户外专家，但他的朋友也提及他在自然里所流露出的童稚。这份天真延伸至他的画作之中，画面里的质朴与鲜明之美扣人心弦。

01-《北美落叶松》

汤姆·汤姆森，1915 年

木板油画

北美落叶松原产于加拿大，和许多落叶松属的其他树种一样，它的叶子在秋天会变成金色

02-《春冰》

1916 年

汤姆·汤姆森油画原作的临摹作品，出自《工作室》（The Studio）第 114 卷

03-《短叶松》

1917 年

汤姆·汤姆森油画原作的临摹作品，出自《工作室》第 89 卷

04-《三月》

约 1916 年

汤姆·汤姆森油画原作的临摹作品，出自《工作室》第 77 卷

03

01

02

04

叶形

为了辨识树种，植物学家使用着一系列描述
叶片形状的词汇，这里列出了一些常见例子。

01-猴面包树

Adansonia digitata

掌状复叶

02-月桂

Laurus nobilis

单叶，长圆状披针形

03-马达加斯加章鱼豆

Bobgunnia madagascariensis

复叶，椭圆形

04-小粒咖啡

Coffea arabica

单叶，先端渐尖

05-垂枝桦

Betula pendula

单叶，三角状卵形叶

06-羊蹄甲属

Bauhinia

先端分裂的倒心形

07-木樨榄

Olea europaea

单叶，长圆状椭圆形

08-三裂盐肤木

Rhus trilobata

三出复叶

09-合欢

Albizia julibrissin

二回羽状复叶

10-菩提树

Ficus religiosa

单叶，心形，先端骤尖

延伸为尾状

叶

59

叶脉模式

水和矿物质通过叶脉网络在叶片中流动，叶脉模式是识别树木和其他植物的有效特征。植物叶片的X射线扫描图片非常清晰地显示出叶脉模式。

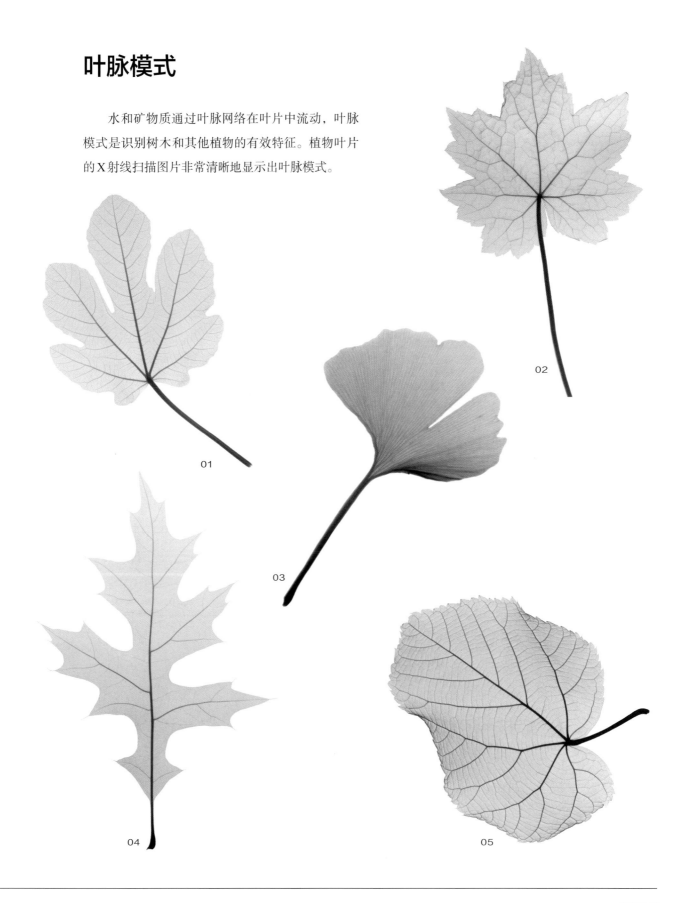

01

02

03

04

05

06

07

08

09

10

叶

建筑

世界各地受树叶和叶脉模式（叶脉的排列）的启发而建造的重要建筑项目正在日益增加，这些设计常秉承可持续发展原则，拥有太阳能电池板和收集雨水等环保功能。

←"绿洲"系统，位于阿布扎比 马斯克建筑事务所（Mask Architects），2020 年

这是阿布扎比中心地区一个为人们遮阴、供纳凉之用的公共空间。棕榈树状结构的模块具有综合功能，包括底部的水雾喷嘴和顶部的太阳能电池板

↓棕榈树

棕榈科

棕榈树总会令人联想起热带和异国情调，印度尼西亚那些赏心悦目的棕榈树就是例证，它们也跻身人类最早栽培的果树之列。如今美国人把棕榈树列植于标志性的好莱坞大道上，它们与两侧林立的现代主义住宅共同构成了一道独特的风景线

叶

质地

不同物种叶片表面的差异，展现出适应性特征的丰富多变。具蜡质表面的小叶片更利于保存水分，而在更潮湿的气候中，叶片会变成更利于把水引走的形状。

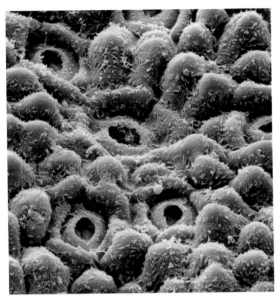

01

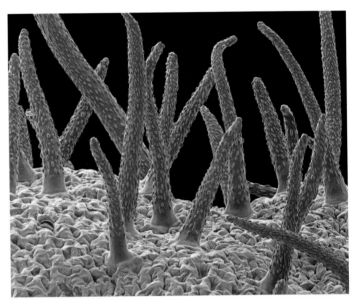

02

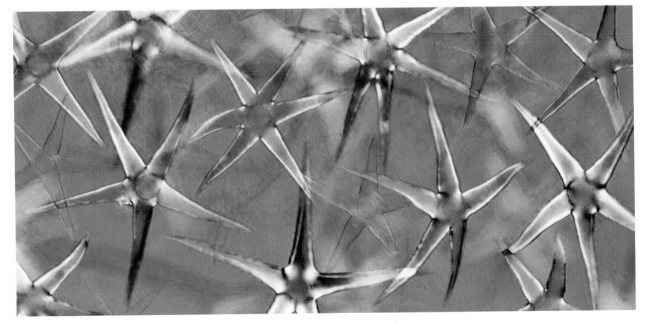

03

01- 浆果桉

Eucalyptus coccifera

显示气孔的叶表显微照片

02- 欧洲七叶树

Aesculus hippocastanum

显示浓密叶片表皮毛的叶表显微照片

03- 溲疏

Deutzia scabra

叶表星状毛

04- 木樨榄

Olea europaea

叶表毛状体是保护叶片和保持水分的结构

05- 金缕梅属

Hamamelis

显示金缕梅叶表星状毛的显微照片

06- 香叶蔷薇

Rosa rubiginosa

显示香叶蔷薇球状毛的显微照片

04

05

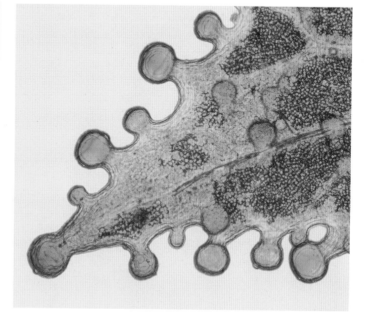

06

防御措施

　　许多生长于低洼地带的树木发展出了强大的防御能力，以击退食叶动物。枝刺、叶刺和皮刺都是防御利器，厚而坚韧的叶片也同样会令食草动物感到头疼。

树形

树形

简介

从高耸入云的红杉到隆起的猴面包树，从雄伟壮观的老橡树到单薄嶙峋的盆景树，树木的形态丰富多样。与自然界所有的事物一样，任何关于树木构成的定义都必须考虑到不同树种生长环境的巨大差异性，树木形态的多样性并不局限于地面，地表以下复杂根系的情况如出一辙。

01

根深叶茂

树木的定义

世界自然保护联盟（IUCN）对树木（相对于灌木或其他木本植物而言）的定义是："通常具有一根主干且至少高达 2 米的木本植物，如果具有多根茎，则至少有一根直立茎的胸径达到 5 厘米。"即使描述得如此精确，由于物种内存在自然变异，也仍有混淆乃至争议的空间。例如，非洲雄伟的风车木（*Combretum imberbe*）常被视为典型的树木，其高度超过 25 米，有一根树干和一个圆形的树冠，类似于孩子们画的"棒棒糖"版本的树。然而，在特定生境和特定类型的土壤中，同一种树可长成多茎干的灌木，变成另一种"生态型"，与大众印象中的树几乎没有相似之处。事实上，早期博物学家在采集到这一生态型的植物标本时，就把它鉴定成了完全不同的种，后来又将其鉴定为一个变种。为了把生命形态中这类自然多样性考虑在内，IUCN 全球树木专家组把在某一地区被记录为自然生长的所有树种，都纳入其全球树木清单。

> 在雨林中，树木争夺的主要是光线，拥有高大通直的树干和紧凑圆润的树冠会是一种优势。

树形

树形适应性

树木的形状或形态反映出某些特性，这些特性能良好地适应树木所处的特定生境。例如，在雨林中，树木争夺的主要是光线，拥有高大通直的树干和紧凑圆润的树冠会是一种优势。要维持这种头重脚轻的状态，还需树干底部的板根协助保持稳定，树木根系会相对较广且较浅。相反，在更开阔、更干燥的环境中，树木长得越高就越容易遭受大风和雷电的袭击，而较深的直根能帮助其找到水源，对这些树种来说，短而分散、多茎的灌木状形态比头重脚轻的树干和树冠更能适应环境。

强风、暴雪和洪水等极端天气是除人类活动之外树木面临的最大威胁。北方带针叶树（以松树、冷杉和云杉为代表）的圆锥状树形等适应性特征，确保厚重的积雪能从树上滑落，这得益于树枝向下倾斜的角度和叶片的蜡质表面。同时，

> 强风、暴雪和洪水等极端天气是除人类活动之外树木面临的最大威胁。

河岸或沼泽树种遭遇的定期洪水，见证了呼吸根的演化——植物可以通过呼吸根进行气体交换。各类树种都发展出惊人的优势，以保护自身免受强风和飓风的侵袭。1987 年 10 月席卷英格兰南部的大风暴吹倒了约 1 500 万棵树，风速达到每小时 190 千米。幸存者中有温莎大公园的千年橡树，令人惊奇的是，与在风暴中倒下的数十万棵年轻橡树不同，这些树都是中空的。20 世纪 90 年代初，我与妻子在赞比亚研究了被腐生真菌掏空的香松豆树（Colophospermum mopane），发现它们比完好无损的树更能抵御大象和风暴的破坏；在哥斯达黎加工作的著名热带生态学家丹·詹曾，也在那里的树木中发现了同样的现象。20 世纪 90 年代初，我们撰写赞比亚工作报告时考察了温莎大公园，并与公园负责人特德·格林进行了交谈，他证实了同样的观察结果。这些发现表明了空心圆柱体的优势，它比实心树干更轻、更坚固，因此被吹倒的可能性要小得多。第 8 章对共生关系进行了更为全面的讨论，但这是一个出人意料的共生案例，在这种共生关系中，真菌受益于树木心材中的营养物质，而树木则受益于地上部分重量的减轻。

02

最高、最大、最粗、最宽、最老和最小

世界上最高的树是美国加利福尼亚州和俄勒冈州的北美红杉。一棵名为"赫披里昂"的北美红杉是世界上最高的树，它高达115米，生长在加利福尼亚州雷德伍德国家公园及州立公园；这里还有世界上第二和第三高的树，被恰当地命名为"赫里阿斯"和"伊卡洛斯"①。最高的热带树木是加里曼丹岛的一棵黄婆罗双，它高达100.8米，被命名为"梅纳拉"；紧随其后的是塔斯马尼亚的一棵王桉（*Eucalyptus regnans*），有100.5米高，被称为"百夫长"。以下信息或许能帮助你对比着理解：任意一棵达到100米高的树，其高度就相当于7辆首尾相连的双层巴士或灰狗巴士，或者是一栋30层楼高的建筑物。

以树干的体积来衡量，世界上最大的树是巨杉（*Sequoiadendron giganteum*）。这种树也发现于太平洋西北部，其中最大的一株是体积达1 487立方米的"谢尔曼将军"；排名前十二的树都是巨杉。接下来是北美红杉"格罗根断层"（体积为1 084立方米），然后是远远落后于它的一棵新西兰贝壳杉（*Agathis australis*），名为"森林之王"，它的体积达到了516立方米。最大并不意味着最粗，最粗的树木纪录属于一棵墨西哥落羽杉（*Taxodium mucronatum*），名为"图勒树"，它生长在墨西哥瓦哈卡州圣玛利亚·德图勒教堂的院子里。如果把它的板根计算在内，这棵树的直径就达到了11.62米；如果不考虑板根，那么它的直径为9.38米，排在南非的"阳光地带猴面包树"之后（2017年在"阳光地带猴面包树"的一段树体死亡之前，它的直径达到了10.64米）。

① 赫披里昂是希腊神话中的提坦诸神之一，其子赫里阿斯是太阳神；伊卡洛斯也是希腊神话中的人物，因使用蜡和羽毛造的翅膀飞到高空，翅膀被太阳融化而坠落。——编者注

03

"阳光地带猴面包树"因容纳了一间酒吧和一个酒窖而闻名，它是非洲许多改造成居住场所的空心猴面包树之一。例如，纳米比亚的"长路旅人猴面包树"可以容纳35人，在它800年的历史中，它曾被用作教堂、房屋、藏身之所和邮局。要测量猴面包树这类生长于干旱地带的树木的直径并不容易，因为它们在雨季吸水后会膨胀，在旱季又会收缩。猴面包树也有形成多根树干的倾向，因此你很难判断自己是在测量一棵树还是好多棵树。津巴布韦维多利亚瀑布附近的"大树"就是一个例子，人们认为它是津巴布韦直径最大的树，但实际上可能是三棵生长在一起的彼此独立的树。

1855年，探险家兼传教士戴维·利文斯通抵达维多利亚瀑布时，他确信在那里看到的巨大的猴面包树极其古老。作为厄谢尔主教的追随者，利文斯通感到十分困惑，因为主教坚称世界是在公元前4004年10月23日创造的。事实上，考虑到猴面包树的尺寸大小，它的生长速度相对较快，碳定年法检测结果表明，最古老的猴面包树也不过才1 000多岁。说到年龄，与北美的长寿松相比，猴面包树只能算小儿科。已知最古老的长寿松已有4 853岁，树如其名，这棵树被称为"玛土撒拉"，生长于美国加利福尼亚州怀特山脉。这棵树萌芽于公元前2833年，这一日期确实与厄谢尔主教的年表相矛盾，因为它早于主教对大洪水发生时间的推算（公元前2349年）。长寿松以单一植株的形式生长，而不是一个克隆树丛。

与世界上最大的树木不同，最小树木的存在完全归功于其栽培者的努力。

03- 长寿松

已知最古老的一棵长寿松"玛土撒拉"已经超过 4 850 岁了

04- 颤杨

Populus tremuloides
犹他州的颤杨克隆树丛是世界上最重的生物

（*Ficus benghalensis*）相比，菩提树就相形见绌了，生长于印度格迪里的一棵名为"Thimmamma Marrimanu"的孟加拉榕，其树冠覆盖面积达到了 1.9 公顷，是树冠宽度的世界纪录保持者。

与世界上最大的树木不同，最小树木的存在完全归功于其栽培者的努力。"盆景"一词现被广泛用于描述使用根部和树冠修剪技术栽培的微型树木。盆景（意为"托盘种植"）源于中国传统的盆栽，已成为世界各地园艺家广泛采用的一种日本艺术形式。盆景的微型树尽管是成年的植株，但只有几厘米高，有些已有数百年的树龄还能够开花结果。

克隆树丛并不依靠种子繁殖，而是通过根蘖进行无性繁殖，群落中较老的部分逐渐消亡，取而代之的是较新的幼苗。从遗传学角度看，这些树虽然同为一个有机体，但由于它们不断更新，所以其寿命可以比单一个体长得多。犹他州鱼湖国家森林公园中有一个名为"潘多"的颤杨克隆树丛，该树丛占地 43.6 公顷，重约 6 000 吨，是世界上已知最重的生物体。人们曾假定潘多的年龄为 80 000 岁，但考虑到在这样的情况下，潘多必须从"仅仅"10 000 年前的最后一个冰期中幸存下来，所以目前人们认为这一假设成立的可能性不大。经过放射性碳定年法检测的长寿克隆树丛还包括："克隆王"，一株莫哈维沙漠中 11 700 岁的三齿团香木（*Larrea tridentata*）；挪威的一株欧洲云杉（*Picea abies*）"Old Tjikko"，它的年龄为 9 550 岁。

人们认为"胜利者大菩提"是人类种植的最古老的树，它生长在斯里兰卡阿努拉德普勒的马哈茂恩花园，种植于公元前 288 年。公元前 5 世纪，释迦牟尼在印度菩提伽耶的一株菩提树下悟道，而"胜利者大菩提"就是这株树扦插繁殖而来的后代。虽然菩提树的年龄之长、体形之大着实令人赞叹，但与它的近亲孟加拉榕

04

地下结构

树干和树冠贡献了树木地上部分的生物量，但在地表以下，树木的根系可以占到树木总质量的 20%~30%。树种、气候条件和土壤类型的差异，塑造出截然不同的根系模式，但所有根系都履行相同的基本功能，即为树木提供微量营养素和水。在这项任务中，它们得到了共生的菌根真菌的帮助。这些真菌极其微小、状如毛发的丝被称为菌丝体，扩散到最细小的土壤颗粒当中，吸收土壤中的矿物质和水，以换取树木制造的碳水化合物。过去的几十年里，科学家发现菌丝体和根系网络不仅能令树木实现与真菌之间的养分交换，还能实现树木与树木之间的养分交换。从表面上看，这是一种利他行为，似乎很难与适者生存的理念相一致，但研究结果表明，当一棵树受到攻击和伤害时，通过菌丝体与之相连的森林中的其他树木也同样会启动防御机制；若这些树木之间的菌丝体连接受到破坏，其他树木则不会产生响应。最有趣的是，"母亲树"似乎能识别自己的后代，并转移资源来养护它们。

> 树种、气候条件和土壤类型的差异，塑造出截然不同的根系模式。

根深叶茂

建筑

树木是建筑和设计中必不可少的内容。它们是景观建筑的主角，为建筑物提供木材。从影响力超群的宗教文化地标到奇特的树屋，树木的形态也影响着建筑方式与室内设计。

←吉贝

许多高大林木就像柬埔寨吴哥窟的这些吉贝一样，长有板根以增强树木的稳定性，这种现象在浅根系植物中尤为突出

✓ 圣家族大教堂

由安东尼奥·高迪设计，始建于 1882 年

高迪用同样坚固的板根式扶壁来支撑圣家族大教堂"受难立面"前厅的倾斜立柱

↓ Agri 礼堂

百枝优建筑事务所，2016 年

明亮而轻盈的 Agri 礼堂坐落于日本长崎郊外，四周林地环绕。礼堂采用了日本传统的建筑技术，用一系列树形的柱子支撑起悬垂穹顶，其极具思想性的设计效仿了周围的自然环境

树形

← 新加坡滨海湾花园
Grant Associates 景观设计事务
所和威尔金森·艾尔建筑设计
有限公司，2012 年
在这个花园里，标志性的建筑
"超级树"是花园中生物质锅
炉的冷却塔

树木不仅为建筑提供了原材料，也是建筑设计灵感
的来源。树木的优点在于融合了形态美、强度与功能性。

人们越来越多地意识到身心健康与亲近绿色之
间的积极联系。预计到 2050 年，世界上 68%
的人口将生活在城市地区，因此优先考虑人与
树木、人与自然的接触极其重要。

树形

气候适应性

　　树木所处的生长环境对树木形态的塑造有着不可磨灭的影响。从储存水分的庞大树干到追寻阳光的修长板根，形态的变化帮助树木赢得生存。

01-龙脑香科植物，马来西亚——光线
在与其他物种争夺阳光时，高而直的树干是一种优势

02-相思树属，纳米比亚——干旱
沙漠中的树木常生长在季节性水道中，在这些水道里，水汇聚并储存在地表以下

03-美洲红树，美国——湿地
一些生长于积水环境中的树木有特殊的呼吸根，可以通过呼吸根进行气体交换

根深叶茂

04-冷杉属，加拿大——雪

雪从冷杉属植物倾斜的树枝上滑落，减少了由积雪重量造成的危害

05-猴面包树属，马达加斯加——水

猴面包树属植物海绵状的木质在旱季时储存水分

06-榕属，美国——风

厚实的板根有助于稳固顶部沉重的高大林木，降低强风中的不稳定性

俯瞰树冠

园林设计中采用从空中俯瞰描绘树木的视角，以表明树冠大致的尺寸、密度、叶片大小，以及它是落叶树还是常绿树。

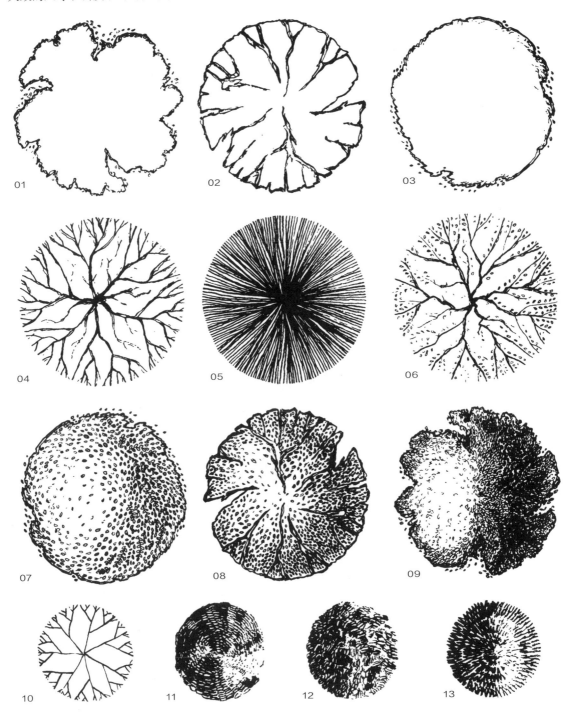

树冠平面图被广泛用于园林设计、生态描述和树木轮廓概览。在景观规划中，这些图示并非对某个特定树种的精准再现，而是就此处种植何种植物给出一个设想。

01– 透光的常绿树树冠轮廓

02– 透光的落叶树树冠轮廓

03– 浓密的常绿树树冠轮廓

04– 落叶树的冬季轮廓

05– 常绿树的冬季轮廓

06– 落叶树的秋季轮廓

07– 浓密的常绿树冠层细节

08– 透光的落叶树冠层细节

09– 透光的常绿树冠层细节

10~13 均为小型灌木，纹理不同，左边为落叶灌木，右边为常绿灌木

14– 如 04 所示落叶树的冬季轮廓放大

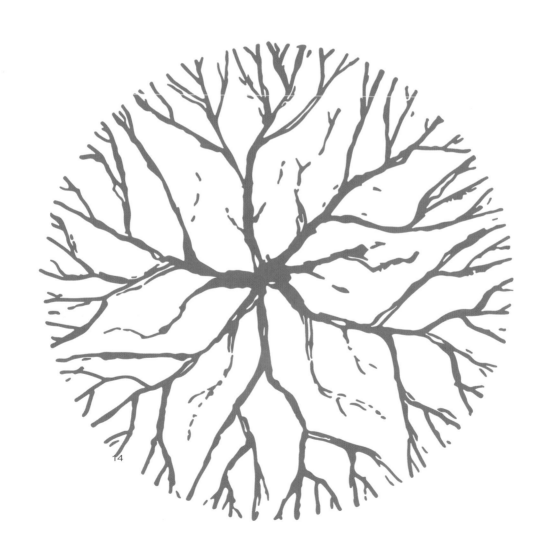

14

最长寿的树

著名树木的时间轴，按照每个树种中最长寿的成员进行排列。

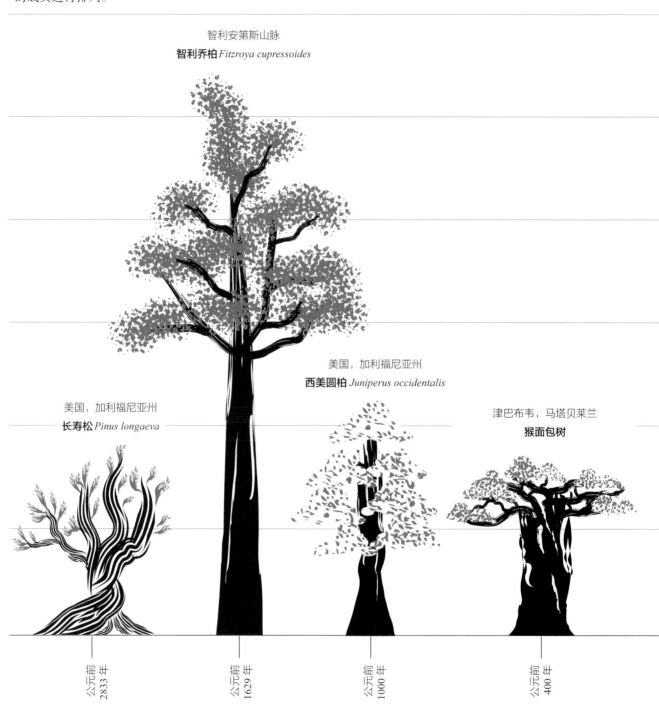

智利安第斯山脉
智利乔柏 *Fitzroya cupressoides*

美国，加利福尼亚州
西美圆柏 *Juniperus occidentalis*

美国，加利福尼亚州
长寿松 *Pinus longaeva*

津巴布韦，马塔贝莱兰
猴面包树

公元前2833年

公元前1629年

公元前1000年

公元前400年

根深叶茂

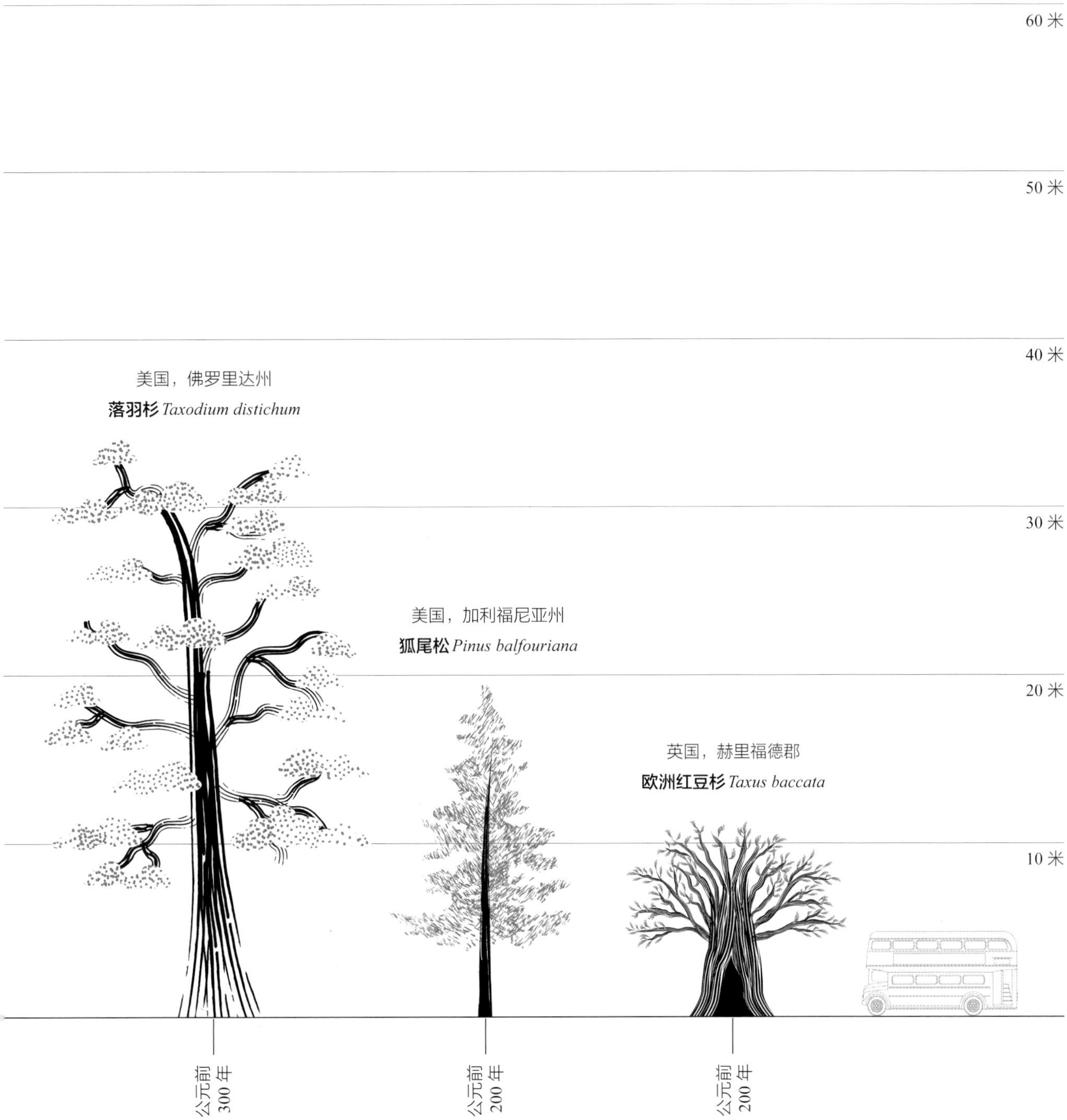

美国，佛罗里达州
落羽杉 *Taxodium distichum*

美国，加利福尼亚州
狐尾松 *Pinus balfouriana*

英国，赫里福德郡
欧洲红豆杉 *Taxus baccata*

60 米

50 米

40 米

30 米

20 米

10 米

公元前 300 年

公元前 200 年

公元前 200 年

盆景

"盆景"一词在日语中意为"托盘种植"。盆景就是模仿全尺寸树木形状和形态的微型树，精心的修剪决定了盆景的最终形态。

多干式
由不同高度的许多棵树构成，而不是由一棵具有多根树干的树构成

斜干式
树干向右或向左倾斜，用经过修整的树枝来平衡重量

直干式
主干直立向上，底部较宽，顶部逐渐变窄

帚立式
笔直、挺拔的树干连接着向四处延伸的细枝

文人式
该方式并没有一套严格的标准，为具有抽象书法气质的瘦长树木

抱石式
盆景的根紧握岩石或石块生长

双干式

两根直立的树干从同一
根部长出，通常一根树
干比另一根更高、更粗

曲干式

树干的形状类似字母
"S"，每条曲线上都长
有树枝

悬崖式

树木向下弯曲，模仿自
然中因大雪或山体滑坡
塑造出的树形

风吹式

向一侧倾斜，所有树枝
都朝着同一个方向生长

附石式

盆景生长于岩石内部，
根深深扎入岩石缝隙和
角落，模仿长在悬崖或
山顶的树

筏吹式

枝条从贴地生长的树干
上萌出，主干最终腐
烂，留下新植株和抬起
的根部

树形与根系

树木生物量的20%~30%处于地表以下。由于树种和生境的不同，根系的深度千差万别，在干燥环境中，树木往往会发展出更深的直根，以帮助它们找到水分和微量营养素。沙漠中的短绒毛牧豆树和南非的白干牧羊柑就是很好的例子。

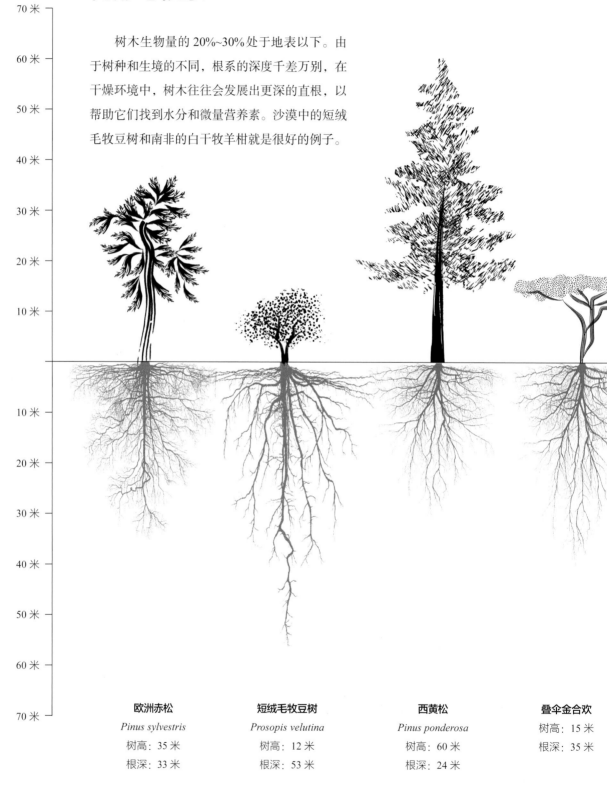

欧洲赤松

Pinus sylvestris

树高：35米

根深：33米

短绒毛牧豆树

Prosopis velutina

树高：12米

根深：53米

西黄松

Pinus ponderosa

树高：60米

根深：24米

叠伞金合欢

树高：15米

根深：35米

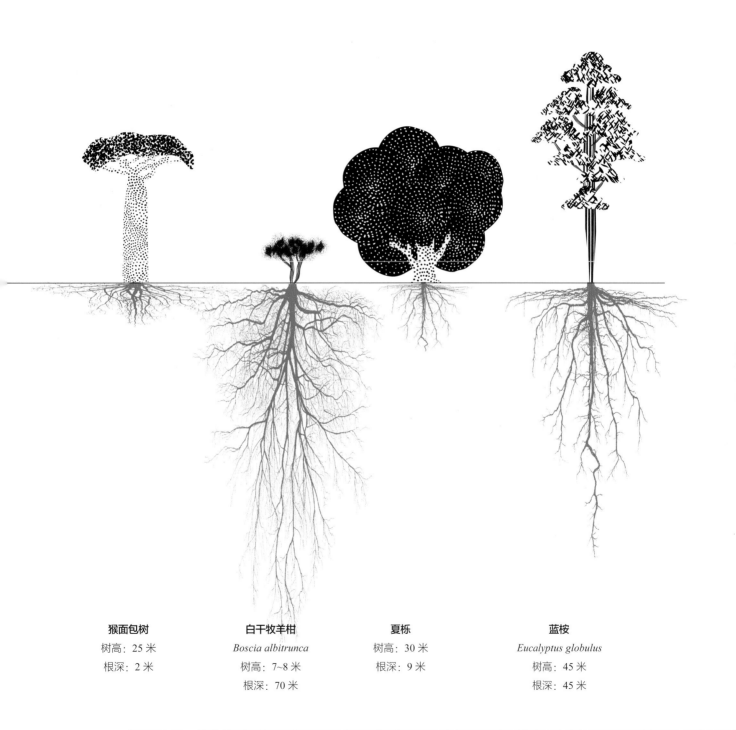

猴面包树

树高：25 米

根深：2 米

白干牧羊柑

Boscia albitrunca

树高：7~8 米

根深：70 米

夏栎

树高：30 米

根深：9 米

蓝桉

Eucalyptus globulus

树高：45 米

根深：45 米

树形

感知力与神话

树木通过电化学信号相互"交流"的能力，可以与神经网络和某种集体智慧相媲美。树木之间的一些交流促进了资源和预警系统的共享，这一事实使得有些（非科学作品的）作者认为：树木是有感知力的生物，能够理性地共同行动。当然，这种想法并不新鲜。民间传说和神话中关于树木具有感知力的内容精彩纷呈，儿童文学中也是如此。在许多这类故事里，树木与森林的性质是模糊不清的。例如，《格林童话》中的森林是女巫和小矮人生活的黑暗禁忌之所。汉塞尔和格蕾特、白雪公主和小红帽都在森林里遇到了危险，不知何故，树木似乎是童话中令孩子们迷失方向的同谋。

在古老的欧洲神话中，德鲁伊[①]可以与树（尤其是橡树）对话，人们认为他们能够占卜。会说话的树也出现在东方文学中，例如，在 10 世纪的波斯史诗《列王纪》中，亚历山大大帝拜访了一棵会说话的树。有感知力的树与树精不同，后者属于树但不是树本身。

> 贤者栽树，树荫他人。
> ——希腊谚语

在古希腊神话中，树精（Dryad）是橡树的精灵，以年轻美丽的女性形象出现，与其居住的树木一样长寿。与此同时，在一些非洲文化中，人们认为自己能够变成树；在赞比亚的卢安瓜河谷，我见到过一根插入树干的矛杆，这是一名恩古尼战士于 100 多年前投掷的，当时他认为自己正用矛刺向敌人。

不管树木感知力的真相是什么，不可否认，它们是了不起的生命体。它们比地球上任何其他生物都更高、更大、更重、更长寿，几乎见证了人类全部有记载的历史，历经几个世纪的风雨，它们甚至可能获得了我们无法理解的智慧。希腊有一句古老的谚语："贤者栽树，树荫他人。"无可争议的是，树木为世世代代的人们带来福祉。

---

① 德鲁伊，原意是"熟悉橡树的人"，是凯尔特民族的神职人员，在森林里居住，擅长用草药进行医疗。——译者注

↓ 潘与树仙

18 世纪的马赛克瓷砖，基于罗马
原版创作，意大利

树仙（*Hamadryad*）是希腊神话
中栖居在树上的一种生物。有些
人坚持认为这是树本身的灵魂

↘《列王纪》

1420—1440 年

"胜利的国王，这里有一个奇
迹，一棵树有两根彼此独立的
树干，其中一根是雌性，另一
根是雄性，这些神奇的树枝会
说话……"

树形

精神意义

　　树木经常被奉为生命、智慧和新生的象征，个别树种在世界各地的文化和宗教中也具有重要的精神意义。

← 菩提树

在印度拉杰吉尔举行的仪式上，妇女们绕着一棵神圣的菩提树行走

↓佛像

这尊佛像位于泰国中部大城府的玛哈泰寺，被一株菩提树环抱。菩提树原产于印度次大陆，在印度教、佛教和耆那教中受到尊敬

艺术

表现树木的作品在包括雕塑在内的各类艺术中独树一帜，其形式从优雅到怪诞，酷似艺术家的世界观。

← 作品《失去本性》
亨里克·奥利维拉，2011 年胶合板，310 厘米 × 380 厘米 × 360 厘米，巴黎，瓦卢瓦画廊

↓ 作品《Baitogogo》
亨里克·奥利维拉，2013 年胶合板，674 厘米 × 1 179 厘米 × 2 076 厘米，巴黎，东京宫

树皮

树皮

简介

　　树皮与人类的皮肤非常相似。它是树木的第一道防线，保护着树皮下的活体组织免受捕食者、害虫、疾病、火灾、日晒和恶劣天气的影响。它还庇护着树木产生树脂、树胶和乳胶的形成层。

根深叶茂

01-欧洲栓皮栎

Quercus suber

软木树皮在收获后可以重新生长，这一特点非同寻常。树皮需要大约 9 年的时间完成再生，方可被再次采集

目的和功能

树皮包括了不透水、不透气的木栓组织（死细胞），以及木栓组织下方通常只有一层细胞厚的木栓形成层（活细胞）。木栓形成层形成后不久，一些细胞就会立即分裂，这一过程制造出了树皮的外层。与人类的皮肤一样，树皮下是树木的循环系统，由韧皮部和木质部组成，循环系统将营养物和水分输送到树木的各个部分。

树皮的主要功能是保护树木，为抵御恶劣天气、捕食者、害虫和疾病提供物理屏障。为此，树皮内含有一系列化合物，包括蜡质的木栓质、角质、木质素、鞣质和其他复杂的大分子物质，这些化合物可以抵抗物理攻击和微生物攻击，还能抵御水的侵入；如果遭受伤害，树木还会以树脂或多糖胶的形式产生萜烯。这些化合物共同组成庞杂可观的树木防御性混合物，也通过各种各样的途径为人类所用。

耐火性与易燃性

鉴于木材固有的可燃性，树皮所拥有的最显著的适应性特征可能是耐火性。最著名的例子是欧洲栓皮栎，它的软木层可以长到 30 厘米厚，这层软木几乎不会被火烧穿。为了验证这一点，你可以尝试点燃酒瓶上的软木塞——它几乎无法点燃，而且燃烧速度极慢，基本上没有烟雾。地中海盆地周围生长着大约 22 000 平方千米的软木林，每年从中收获的软木约有 20 万吨。其中有 1/2 产自葡萄牙，在这里桉树由于生长迅速而备受青睐，高度可燃、单一栽培的桉树林已经越来越多地替代了软木林。

软木塞是迄今为止最为环保的葡萄酒瓶塞。单一栽培桉树林这种做法不仅对地球不利，对人类也是有害的：2017 年 6 月席卷葡萄牙的野火，造成 66 人死亡，200 多人受伤；只要人们继续种植高度可燃的桉树，这类灾难还将愈加频发。桉树林也是导致 1991 年美国加利福尼亚州奥克兰山大火灾的压倒性因素，这次火灾造成了 25 人死亡和约 15 亿美元的经济损失。美国国家公园管理局后来的一项研究表明，桉树产生的燃料负荷几乎是本土橡树林的 3 倍。

桉树叶产生了高浓度的挥发性油，因此桉树高度易燃。桉树原产于澳大利亚，那里有大约 700 种不同的桉树。在它们的原生生境中，这些树木已经适应了定期发生的丛林火灾，它们要么从地下的木质块茎（树基部的突出物）中再生，要么通过火灾后果实中释放的种子繁殖；近期的研究表明，烟雾中的化学物质往往引起种子萌发。桉树还有这样一种习性，那就是会脱落高度易燃的树皮，这增加了森林地表的燃料负荷。如果没有定期、小规模的森林火灾来清除这些垃圾，它们将引发快速蔓延的熊熊大火，2020 年席卷澳大利亚昆士兰州、新南威尔士州和维多利亚州的一系列野火就证明了这一点。抛开危险不谈，桉树皮的纹理和颜色构成了世界上一道美丽的风景线，原产于巴布亚新几内亚、印度尼西亚和菲律宾的剥桉（*Eucalyptus deglupta*）也许拥有最令人赞叹的树皮。

> 桉树叶产生了高浓度的挥发性油，因此桉树高度易燃。

阻止动物入侵

树皮除了具有耐火性，在阻止食叶动物方面也功不可没。例如，非洲南部的瘤刺树（*Senegalia nigrescens*）浑身长满了粗硬的刺状突起，大象面对它的树皮束手无策。非洲象每天要消耗多达 300 千克的植物，而树皮就是它们最爱的食物来源之一。非洲象要获取的是含有韧皮部和糖分的内层组织，但为了达到目的，它们会把内层和外层的树皮通通剥掉，这一过程常会把树木杀死。树皮中有多种复杂的化合物——纤维素、木质素、木栓质、生物碱、鞣质、萜类和皂苷等，这些化合物对哺乳动物来说很难消化，但动物肠道中的微生物能帮助分解。不只是豪猪、长颈鹿、田鼠、獾、鹿、熊，就连树熊等林栖有袋动物也喜欢吃树皮。除了提供营养，树皮中的化合物还具有宝贵的药用价值，强有力的科学证据表明，大象和其他动物正是出于这个原因才会寻找特定的树木。

然而，从树的角度来看，它们的初衷是将动物拒之门外，特别是涉及它们最大的敌人也就是昆虫时。全世界大约有 6 000 种不同的小蠹，不仅对树木本身造成严重破坏，还充当了其他害虫和疾病的载体。例如，原产于北美的黑山大小蠹（*Dendroctonus ponderosae*）在过去 20 年中，杀死了加拿大不列颠哥伦比亚省和美国科罗拉多州数万平方千米的扭叶松（*Pinus contorta*）和西黄松。通常，小蠹只会攻击和杀死衰弱的树，因为健

02

康的树木可以通过产生杀虫树胶或树脂来驱赶昆虫；然而，反常的干热夏季、温和的冬季，加上树木种群老化和单一树种的栽培，促成了虫害流行。小蠹在树皮下产卵，幼虫以形成层为食，破坏、阻断了养分和水分在韧皮部和木质部的流动。此外，小蠹会将真菌引入树皮内部，阻断水分和养分运输，并妨碍了树木产生树脂来与之对抗。波纹小蠹（*Scolytus multistriatus*）和美洲榆小蠹（*Hylurgopinus rufipes*）都会传播导致荷兰榆树病的真菌，荷兰榆树病源于亚洲，自它传入欧洲和北美洲以来，那里的榆树都已遭受破坏。

03- 扭叶松

美国蒙大拿州海伦娜附近大陆
分水岭上的麦克唐纳峰顶的景
象，显示出黑山大小蠹造成的
严重破坏

03

抗菌活性

考虑到真菌、细菌和其他微生物对树木造成的损害，树皮中充满了防腐和抗菌化合物就显得不足为奇了。

考虑到真菌、细菌和其他微生物对树木造成的损害，树皮中充满了防腐和抗菌化合物就显得不足为奇了。在过去的几十年里，主要由于人类无意中引入了病原体，微生物导致的树木疾病前所未有地迅速增多。由白蜡树膜盘菌这种真菌引起的白蜡枯梢病就是一个突出的案例，2006 年人们首次对该病进行了科学描述，目前它在欧梣中造成的死亡率高达 85%。同样，在南半球，由樟疫霉（*Phytophthora cinnamoni*）引起的顶梢枯死病已经摧毁了澳大利亚大片的本土植物群，目前已遍布全球 70 多个国家，还威胁到了鳄梨等经济作物，以及杜鹃、山茶和黄杨等观赏植物。

当这些病原体接触不具备天然抵抗力的树种时，问题就会凸显，可能是由于人类携带受感染植物材料在全球的活动，也可能是气候变化所致。在白蜡枯梢病的案例中，这种疾病起源于亚洲（可能在日本），那里的白蜡树（*Fraxinus chinensis*）和水曲柳（*Fraxinus mandshuric*）等本土植物能够耐受感染，这些植物数千年来与真菌协同演化，只会在叶片上出现轻微的症状。这种协同演化本质上是疾病和宿主树木之间局部的军备竞赛，导致世界各地树木的树皮中都出现了大量的抗菌化合物。这些化合物中的绝大多数仍不为科学界所知，但本土居民对它们了如指掌，而且相关知识成了传统医学药典的重要组成部分。

树皮药物

最著名的树皮药物之一是存在于柳属植物树皮中的水杨酸，它是阿司匹林的活性成分。数千年来，乡村的草药医生一直使用柳树皮的苦味浸出液来治疗风湿、受寒症和"疟疾"（此处指以高烧为特征的任何疾病），理由是潮湿之地的植物能有效治疗出现颤抖症状的疾病。19世纪50年代，随着水杨酸被分离和提取出来，人们发现了这一传统知识的化学基础；19世纪90年代，拜耳公司合成了乙酰水杨酸，即"阿司匹林"，它自此成为世界上使用最为广泛的合成药物。人们使用奎宁来治疗疟疾，它提取自南美洲金鸡纳属几种树木的树皮。关于奎宁，还有一段更有趣的历史。阿兹特克人或玛雅人从未记载过疟疾，人们认为这种疾病是由欧洲定居者或他们奴役的西非人在16世纪传播至新世界（美洲大陆）的。然而，由于金鸡纳树皮具有普遍的退热特性，美洲印第安人用它来治疗发热。居住于秘鲁利马的药剂师兼耶稣会修士阿戈斯蒂诺·萨伦布里诺（Agostino Salumbrino，1561—1642）记载了这种疗法，他观察到厄瓜多尔的盖丘亚印第安人会用树皮治疗受寒症，于是发现了这种树皮在治疗疟疾方面的功效；耶稣会会士采纳了使用金鸡纳树皮来医治疟疾的做法，并于1632年将其传入欧洲。

在传统医学中，人们常会使用与产生某种问题的原因有所关联的植物，正如柳树皮的例子，但这并不能保证所使用的药物能够治愈疾病。此外，有些药物的预防性多过治疗性。一般来说，如果一个地区之中，不同的部落或民族都广泛使用某种药物来治疗相同的疾病，这种药物就很有可能效果

FL. MED. T. III.　　　　　　　　PL. 16.

QUINQUINA GRIS.
Cinchona Condaminea, Bumb.

04

> 一般来说，如果一个地区之中，不同的部落或民族都广泛使用某种药物来治疗相同的疾病，这种药物就很有可能效果显著。

04−奎宁

金鸡纳属

德布雷根据爱德华·莫伯尔的
植物学插图（出自 *La Regne
Vegetal: Flore Medicale*, L.
Guerin, Paris, 1864—1871）创
作的手工雕刻彩色钢版画

05−没药

Commiphora myrrha

没药来自没药树的树脂，产自
非洲之角和阿拉伯地区

05

显著。另一方面，如果一个物种的使用高度本地化，与
某个特定群体的信仰有关，那么其功效的可靠性要大
打折扣。例如，缩叶腊肠树（*Cassia abbreviata*）的树
皮在整个非洲中南部的传统医学中都用于终止妊娠或引
产，这表明它可能非常有效。

有些传统药物如果用法不当或剂量过高，就会有
极强的毒性，可被用作毒药和/或巫术。后者的一个例
子是非洲格木（*Erythrophleum africanum*）的树皮，它
含有生物碱——一种被称为"格木碱"的心脏抑制剂，
会导致心力衰竭。过去在公开审判中，人们用这种树皮
煎剂来"鉴别"巫师，让被告在众目睽睽之下喝下毒
药。被告如果吐出汤药，就会被认为是无辜的，否则将
死于中毒或死于贵族之手。剂量越大，就越有可能致人
呕吐，所以这种试验的结果并不如想象中那样随机，被
告的生命在很大程度上掌握在巫医手中。非洲格木也是
数百种被用来毒鱼的非洲树木之一，另一个与毒鱼活动
密切相关的树种是非洲丁香檀（也称伯克苏木，*Burkea
africana*），人们将它的树皮捣成糊状或粉末状，丢入水
中使鱼昏迷，当鱼浮起时就可以捕捞了。由于这种做法
对成鱼和幼鱼不加区分，现今已被普遍禁止。用高剂量
的毒药杀死所有小鱼并摧毁整个种群，显然是一种不可
持续的捕鱼方式。

树皮

树皮的其他用途

几千年来，人们一直在收集树皮来生产纺织品适用的染料。自铁器时代以来，欧鼠李（Frangula alnus）的树皮一直被用于纺织品染色，出产了从芥末黄到肉桂红的多种颜色。染色常涉及的过程有：将树皮浸于沸水，加入纯碱后使混合物发酵数周或数月，搅拌并加入水和纯碱以保持较高的pH值（氢离子浓度指数），然后将织物于过滤后的液体中浸泡两周。发酵染色应用于富含鞣质的植物（如橡树、槭树、柳树和桦树）的树皮时效果良好，可以产生一系列棕色和黄色的染料。

过去，人们使用树皮来制作布料，在一定的范围内今天仍然这么做。例如，古代南岛语族使用构（Broussonetia papyrifera）的树皮制作布料。构树原产于亚洲亚热带地区，人们将这些树木富含纤维的内层树皮浸湿，打成薄片，制成树皮布，然后用于制衣。构树的种植遵循了公元前5000年至公元前500年南岛语族的迁徙模式：起源于东亚，随后一直远播至巴布亚新几内亚和大洋洲地区。树皮布广为人知的名称为"tapa"（塔帕纤维布），这一名称源自塔希提岛和库克群岛，如今国际上已普遍采用并在各地区衍生出不同的词汇。在夏威夷它被称为"kapa"，在马达加斯加这个公元前350年至公元550年间被南岛语族殖民的地方，"tapia"一词是指由取食博氏柱根茶（Uapaca bojeri）这种树的昆虫吐出的丝制成的布料。在非洲，树皮布由许多不同的树种制成，如南美榕（Ficus natalensis，构树的亲缘物种）、猴面包树和短苞豆属植物等，这些植物都是非洲中南部旱生疏林的主要树种。树皮布的生产一般不涉及编织，但由树皮制成的纤维可用于制造渔网、纱线和绳索等一系列产品。在巴布亚新几内亚，"bilum"（或称"noken"）是一种由树皮编织成的传统网兜，人们用它来携带儿童，它不仅实用，还兼具深厚的文化意义。

人们曾使用从椴树、紫藤和桑树等树木的内层树皮中提取的韧皮纤维，制作绳子和纱线，其中一些天然纤维的这种用途沿袭至今。用于制作麻布和麻袋的黄麻纤维来自黄麻属植物，它们尽管不是树，却可高达数米。现代工业使用从木浆中提取的纤维素纤维来造纸，而传统造纸术使用的则是树皮纤维。在喜马拉雅山，人们仍采用瑞香科植物白瑞香（Daphne papyracea）的树皮造纸；在马达加斯加，人们用同属瑞香科的植物瑞香叶鱼薇香（Lasiosiphon daphnifolius）的树皮纤维来制造马达加斯加著名的嵌有野花的安泰摩罗纸。

美洲柿

Diospyros virginiana
厚实如鳄鱼皮般的树皮，有助于保护树木免受冬季气温骤降、干燥的风和食木害虫的侵害

适应性

　　树皮的不同属性有助于树种适应其独特的生境。突兀的刺可以抵御饥饿的食草动物，而味道怪异或有毒的化学物质和树脂也对真菌和昆虫发挥着同样的作用。

非洲丁香檀，化学手段
人们把嚼过的树皮当作膏药敷在脓疮上

猴面包树，物理手段
海绵状的厚皮受损后可生长复原

欧洲栓皮栎，物理手段
其树皮是一种天然阻燃剂，保护树木免受森林火灾侵害

瘤刺树，物理手段
厚实的木质凸起有助于阻止大象剥除树皮

退热绣晶木（*Crossopteryx febrifuga*），物理/化学手段
这种稀树草原树木的树皮上嵌有坚硬的硅晶体，可阻止捕食者取食，其中还含有抗菌的化学成分

剥桉，物理手段
着火时，许多桉属树种的树皮都呈带状剥落

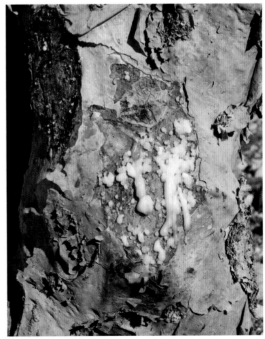

阿拉伯乳香树（*Boswellia sacra*），物理/化学手段
树木受伤时，树胶和树脂构成的物理和化学防线能够防止感染

颜色

树皮有多种颜色，最常见的是红褐色，也可呈现出绿色、红色、橙色、灰色和白色，最为夸张的是条纹树皮或多彩的树皮。

←剥桉

剥桉具有斑斓的色彩，幼嫩的树皮呈鲜绿色，而较老的树皮则呈现出深绿色、锈红色、紫色和橙色

↓《树木的木材》(迷彩)

夏洛特·埃文斯，2016 年

水粉画

纹理

　　树皮可厚可薄，有的光滑，有的开裂，有的凹凸起节，有的均匀规整。不同树皮的纹理和图案是艺术家、设计师和手工艺人绝佳的灵感来源。

01

02

03

根深叶茂

01-树皮

布雷特·韦斯顿，约 1950 年

明胶银印

03-树皮

布雷特·韦斯顿，约 1970 年

明胶银印

05-树皮

布雷特·韦斯顿，约 1975 年

明胶银印

02-树皮，欧洲

布雷特·韦斯顿，约 1971 年

明胶银印

04-树皮

布雷特·韦斯顿，1977 年

明胶银印

06-树皮抽象画，欧洲

布雷特·韦斯顿，1971 年

明胶银印

04

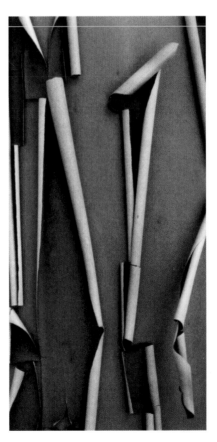

05

06

树皮

药用及其他用途

树皮及其所含有的化合物为人类贡献了许多拯救生命的药物，包括阿司匹林和用于治疗疟疾的奎宁。树皮的其他用途还包括制作布料、染料和纸张。

01–柳属
源自柳树树皮的水杨酸，作为阿司匹林的活性成分闻名于世

02–金鸡纳属
南美洲金鸡纳属几种树木的树皮含有奎宁，已被长期用于治疗发热；奎宁至今仍被用于治疗疟疾

03-缩叶腊肠树

在非洲中南部的大片地区，人们使用缩叶腊肠树的树皮来终止妊娠

04-构

南岛语族将构树富含纤维的内侧树皮捣成薄片，制作树皮布

05-白瑞香

在喜马拉雅山区，纸是用白瑞香的树皮制成的

06-欧鼠李

自铁器时代以来，欧鼠李的树皮就一直被用于生产黄色、橙色或红色的染料

染料

千年以来，人们用树皮制造各种纺织品所用的彩色染料，染色后的纺织品鲜艳明亮，令人惊艳。

美国绒毛栎
Quercus velutina

欧鼠李

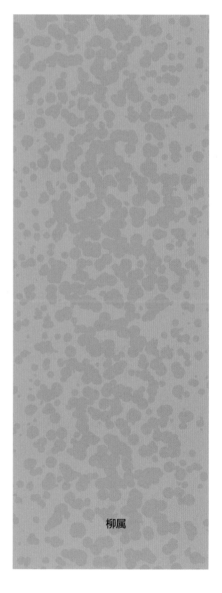

柳属

→彩色的羊毛

从米白色到亮橙色，使用天然
染料生产出的不同羊毛

垂枝桦

光叶漆

Rhus glabra

杨属

Populus

树皮

软木

　　天然的耐火性是软木最显著的特点之一。常绿的欧洲栓皮栎的树皮，可用于制作酒瓶塞、软木地板和绝缘材料。因为可以在不杀死树木的前提下获取树皮，所以软木是一种重要的可持续资源。

← 欧洲栓皮栎
栓皮栎的软木层可厚达 30 厘米。人类使用软木的历史超过 5 000 年，如今全球约 50% 的软木产自葡萄牙

↓ "维特拉软木"系列家用边桌/凳子，型号 D
贾斯珀·莫里森，2004 年
贾斯珀·莫里森的软木家具作品完全由软木制成，清晰的几何线条与材料的自然表面形成了令人愉悦的对比

树脂、树胶和乳胶

　　尽管树胶、乳胶和树脂不是严格意义上的树皮制品，但它们都源于树皮下的形成层。从焦油、油漆到枫糖浆、棕榈糖和乳香，树皮制品为人类提供了大量实用的产品。为了应对伤害或攻击，树木有专门的细胞产出树脂。树脂主要由萜烯组成，那是一类不溶于水且会在空气中硬化的复杂有机化合物。树脂为我们提供了焦油、樟脑、杂酚油、藤黄、油漆、胶泥、沥青、松香、松节油和清漆，以及基督徒所熟知的乳香和没药，据说那是东方智者送给婴儿耶稣的珍贵礼物。乳香来自乳香树属植物的树脂，该属中有5个树种能产生乳香，这些树生长于非洲、阿拉伯和南亚的干旱地区。纸皮乳香树（ Boswellia papyrifera ）因其纸质的树皮而得名，原产于埃塞俄比亚和非洲之角，由于科普特教会典礼和埃塞俄比亚咖啡的制作仪式中用到了纸皮乳香树出产的乳香，因此它具有重要的文化意义。在气候变化和过度采伐的共同影响下，这一树种的个体数量变得越来越稀少，导致了乳香的短缺，而在传统中乳香只能通过野生的树木获得。没药来源于另一个亲缘关系密切的物种，即没药树，它原产于非洲之角和阿拉伯地区。与乳香一样，没药也具有重要的宗教意义。根据《圣经·约翰福音》（19:39），亚利马太的约瑟夫和尼科迪默斯购买了没药和芦荟的混合物，用于包裹耶稣的身体。另有一则关于亚利马太的约瑟夫与树木的传说，提到了格拉斯顿伯里的山楂树，据说他带着圣杯来到英国格拉斯顿伯里，将手杖插进土地时，山楂树就发了芽。

　　与树脂不同，树胶和乳胶源于树木的汁液，由被称为"多糖"和"多聚体"的化合物链组成。树胶和乳胶包括桦树糖浆、枫糖浆和棕榈糖等含糖的汁液，也包括糖胶树胶和阿拉伯胶等树胶。糖胶树胶是从中美洲的树胶铁线子（ Manilkara chicle ）等几种铁线子属树木中采集到的一种天然树胶。阿兹特克人和玛雅人有使用它

的传统，通过咀嚼它来缓解饥饿，清新口气，保持牙齿清洁。19世纪60年代，墨西哥前总统安东尼奥·洛佩斯·德·圣安纳将糖胶树胶从墨西哥带到纽约并将其商业化，他把树胶送给了企业家托马斯·亚当斯；1871年，亚当斯以"亚当斯纽约口香糖"之名进行销售。芝兰和箭牌的留兰香口香糖在19世纪末开始流行，至今仍在生产。然而，到了20世纪60年代，由于树胶的产量已无法满足市场需求，口香糖制造商便改用丁二烯基合成橡胶生产口香糖。相比之下，阿拉伯胶是一个通用术语，用于描述产自北非和萨赫勒地区、从阿拉伯胶树（ Senegalia senegal ）和红铁金合欢（ Vachellia seyal ）等树种中提取的天然树胶。阿拉伯胶既可食用又可溶于水，是一种蛋白质和复合糖的混合物，主要用作食品和饮料行业的稳定剂，也用于印刷、化妆品、胶水和涂料生产。2019年，阿拉伯胶的总出口量约为16万吨，几乎全部获取自野生树木，这是萨赫勒地区非洲国家的重要收入来源。

橡胶树

Hevea brasiliensis

收集橡胶，用于生产轮胎、服装、手套、管子、油漆和玩具

乳胶与树脂一样，是植物为了抵御攻击和伤害而产生的物质。乳胶是一种由水、蛋白质、淀粉、糖、生物碱、油、鞣质和胶质组成的复合乳液，在接触空气时会凝结。乳胶存在于特定的植物类群中，如大戟科、夹竹桃科和桑科植物。天然乳胶通常呈乳白色，但有些植物会产生黄色、橙色甚至是猩红色的乳胶。在所有能够产生乳胶的树种中，也许橡胶树是最为家喻户晓的一种。正如其学名所示，橡胶树原产于巴西的亚马孙地区以及周边国家，在自然状态下橡胶树可以长到40多米高。它的树皮中韧皮部外侧的乳管系能够产生乳白色或黄色的乳胶，乳管系以大约30度的倾斜角围绕树干右旋向上。人类通过在橡胶树的树干上切口来获取乳胶：切开乳管，从切口处滴下的乳胶由固定在树上的容器收集。尽管割胶不会损害树木，但它确实会减缓树木的生长速度，因此种植园的树木往往比野外的树木要小得多。此外，树龄在10~30年的橡胶树产胶量最高，之后产量会下降，树木也会被砍伐。

生乳胶相当柔软且不稳定。制备橡胶需经过硫化处理，这一过程涉及将乳胶与硫黄混合、加热，直到硬化。1839年，查尔斯·古德伊尔意外地发现了这一过程，开启了橡胶的工业化进程，之后橡胶被广泛应用于各种产品，其中最著名的当数汽车轮胎。尽管在19世纪大部分时间里，新兴橡胶工业都集中在巴西的贝伦、圣塔伦和马瑙斯等地区，但到了19世纪90年代，英国殖民者就在印度、马来亚（今马来西亚）和锡兰（今斯里兰卡）建立了橡胶种植园；如今，主要的橡胶生产国有泰国、印度尼西亚、马来西亚、印度、中国和越南。出现这种情况，在一定程度上是由于亚马孙地区的橡胶树容易感染南美叶枯病，这种叶枯病是由该地区的一种原生真菌——橡胶南美疫病菌（*Microcyclus ulei*）引起的。2017年，全球橡胶年产量为2 800万吨，其中约1/2是天然橡胶，其余部分是来自石油的合成橡胶。

从环境角度看，相比经由化石燃料生产的合成橡胶，天然橡胶似乎是一种更为可持续的替代品。然而，不幸的是，在一些亚洲国家，为了给橡胶种植园腾出空间，大面积的天然雨林遭到砍伐，这导致了碳固存的减少，以及生物多样性的破坏。此外，亚洲橡胶种植园是基于基因库非常有限的栽培品种建立起来的，这些品种的橡胶树容易感染南美叶枯病，这种疾病传至亚洲并摧毁那里的作物，很可能只是时间问题。事实上，来自40多个科的约2万种植物均可产生乳胶，其中有一些具有生产商用橡胶的潜能。不管怎样，我们把越多的树种推向灭绝，可供后代选择的宝贵天然产品就会越少。

> 我们把越多的树种推向灭绝，可供后代选择的宝贵天然产品就会越少。

乳香

　　乳香提取自乳香树属的植物，这些植物的树皮渗出的树脂就是乳香，可用于制作熏香、香水、香皂和乳液。这类树木喜欢干旱的气候，遍布非洲、阿拉伯和南亚的干旱地区。在埃塞俄比亚，乳香是科普特教会典礼和传统咖啡仪式中需要使用的核心物品。

01

01–阿拉伯乳香树
气候变化和放牧对野生乳香树造成的威胁日益加剧

02–19 世纪描绘阿拉伯乳香树的植物科学画作，这种植物学名的异名为 *Boswellia carterii*（图上所标）

03–乳香源于乳香树乳白色的树脂，当树皮被切开时树脂就会渗出

04–乳香树的树脂硬化后的晶体就是乳香

05–自古以来，人们就使用乳香，在阿拉伯语中它被称为"*al-libān*" 或"*al-bakhūr*"

02

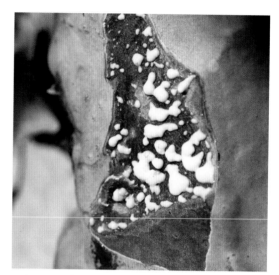

03

04

05

树皮

建筑

将树皮融入外立面和内墙可为现代建筑增添质感。鉴于树皮的再生特性，这也是可持续发展之选。

↓木屋，瑞士
Atelier Risi 建筑事务所，2020 年

坐落于博斯基的这座木制家庭住宅，外墙包裹着经过处理的树皮。整栋房屋均使用产自附近山谷的生物可降解材料和木材建造

→路铂廷商店，迈阿密
212box 室内设计公司，2017 年

这家两层楼高的路铂廷旗舰店位于迈阿密，商店的外立面覆盖着木板，内部也复制了这种纹理设计，墙壁上装饰有白桦木、金桦木和针叶樱桃木

树木损坏

世界上大约有 6 000 种不同的小蠹，虽然它们大多以死亡或垂死的树木为目标，但小蠹的大流行会波及健康的树木。因为小蠹幼虫以富含营养的内层树皮（韧皮部）为食，所以小蠹危害巨大。释放化学物质和树木汁液等一系列适应性措施，构成了树木的第一道防线。

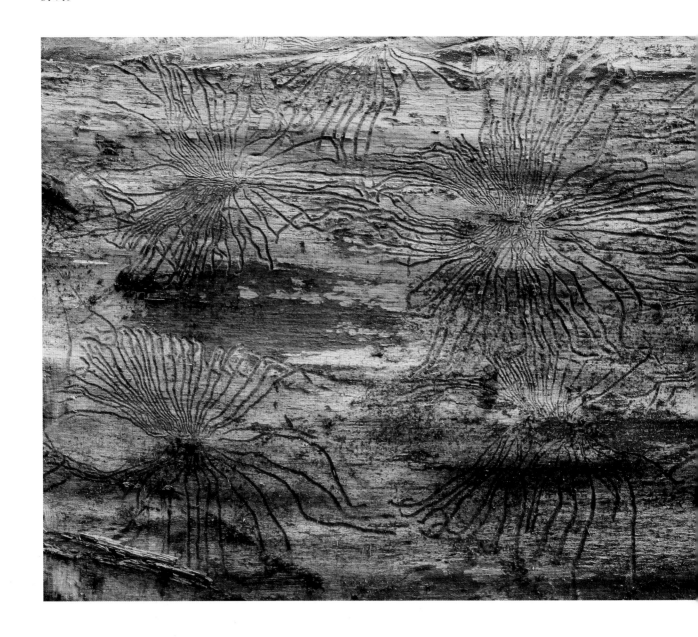

← **云杉树皮下小蠹活动的痕迹**

小蠹在树皮下产卵后，新孵化的幼虫以形成层为食，阻碍了营养物和水的流动

↘ **树木死亡**

近几十年来，小蠹已经在北美洲和亚洲杀死了数以亿计的针叶树。气候变化导致寄主树木面临干旱压力，这加剧了小蠹造成的破坏

木材

木材

简介

很难想象生活中缺少木材会是什么样子。我坐在办公室的一张木桌旁，木质书架和其他木家具摆放在木地板上，假如所有这些物品都由石头或金属制成，那么这个世界将会是一个摸起来、看起来都冷冰冰的地方。

01

01－云杉属

Picea
木饰面上流畅的线条显示出
木材年轮被切开的平面

木材是我最喜欢的材料：它既不太硬也不太软，而且保留有自然的精华。我祖父的工作是制造钢琴，我闻着他工作室里的味道，听着他做木工活时温柔的教导（"让工具来完成工作"）长大，这些早已融入我的血液。尽管如此，我仍然认为使用木材是理所当然的，很少思索它来自何方，也很少考虑它在到达这个房间之前所经历的旅程。

我的桌子是由夏栎（俗名橡树）制成的，它的生命始于一颗橡子。起初，它的茎仅由活组织构成，随着这棵树逐步成熟，活组织木质化后变成了木材。经过数百年，积累的木材达到了制作家具所需的量。如果这棵橡树在被砍伐时直径达到了 1.4 米，那么在约 200 年前滑铁卢战役时期，它必定已经萌发。

如果这棵橡树在被砍伐时直径达到了 1.4 米，那么在约 200 年前滑铁卢战役时期，它必定已经萌发。

观察树干的横截面，我们可以发现 5 层不同的组织——树皮、韧皮部、形成层、边材和心材。树皮是一个主要由死细胞形成的保护层；紧挨着树皮的是韧皮部，韧皮组织负责将糖类等营养物运输至植物各部分；接下来是形成层，由活跃地进行分裂的细胞组成；形成层内侧是边材，水和矿物质经由这里从根部输送到树木的其他部分；在最内侧，心材是树木的中央支柱，由木质素、酚类、树脂和其他有机化合物加固的死细胞构成，赋予木材强度，并保护其免受昆虫和微生物的侵害。

砍倒用来制作我的桌子的那棵夏栎的樵夫，可以通过计算心材和边材的年轮精确地得出树龄：每一岁对应一圈年轮。通过计算树木年轮来确定树龄的科学被称为"树木年轮年代学"，因为年轮的宽窄取决于特定地点和年份的气候条件，所以人们可以由此推断出某块木料采伐的时间和地点。譬如，1545 年 7 月 19 日沉没于索伦特海峡的亨利八世时期著名军舰玛丽·罗斯号，就是由 1510—1511 年采伐于东英吉利地区的橡木制成的；树木年轮年代学的记录还有助于人们区分原船材和后续改装的船材。在一些地区，某些树种的树木年轮年代学记录可以追溯至几千年前，最古老树种之一——长寿松的寿命就超过了 4 800 年。北欧树木年轮年代学记录中最大的空白与 14 世纪黑死病发生的时间相吻合，当时黑死病导致建筑业停滞，数千万人死亡。

边材和心材都可用作木材，但边材不及心材耐用，色泽也较浅。对选择木材制作家具的橱柜制造商来说，颜色、纹理、耐久性和延展性都是重要的考量因素。接近纯白色的木材有欧亚槭、云杉和冬青等；黄色木材源于一些松树品种，有西黄松和锦熟黄杨（*Buxus sempervirens*）；而红色木材则包括美国赤松（*Pinus resinosa*）、北美红杉（*Sequoia sempervirens*）、桃花心木属（*Swietenia*）植物和黄檀属（*Dalbergia*）植物等；棕色木材源自枫香树属（*Liquidambar*）植物、栗属（*Castanea*）植物和蛇桑（*Brosimum guianense*）等；黑色木材来自柿属（*Diospyros*）植物和乌木黄檀（*Dalbergia melanoxylon*）等树种。

02

03

心材和边材作为同一棵树的不同部位，不可与硬材和软材的概念相混淆——后者描述的是来自不同树种的木材的对比特征。硬材和软材的区别不单是指字面意思上的木材耐久性，更是指它们的来源不同：硬材源自落叶阔叶树，橡木、枫木、柚木和红木等都是硬材；而软材源自常绿针叶树，如松树、云杉和冷杉。硬材通常更耐用，因为它们密度更大，生长得更缓慢，因此常被用于细木工、家具制造、木地板和精细饰面。木材的硬度可用权威性的"金氏硬度测试"来测量，该测试量化了将一个直径 11.13 毫米的钢球嵌入木材表面一半时所需的力。相比之下，软材主要应用于造纸、胶合板、面板、内饰条和建筑。

人类使用木材创作了无穷无尽的木制品，它们是无价之宝。建筑业、家具业以及世界各地的艺术家和工匠们赖以维生的木材贸易是一个蓬勃发展的产业，2019年的产业总值约为 2 440 亿美元。然而，木材作为一种材料和资源，为人类所利用的时间远超其作为全球商品的时间，自人类直立行走以来，木材为许多重大技术进步奠定了基础。

木材与人类的技术进步

原始人栖居于树上，人们认为这在一定程度上解释了为什么人类长期以来与植物密不可分。也许，早期人类最伟大的进步是 100 万~200 万年前掌握了取火的方法，木材在此过程中发挥了关键作用。木材的可燃性和热值使其成为一种能够提供光和热的优质燃料，将硬材和软材合在一起摩擦的行为，表明木材也可以用来生火，而生火很可能出现于人类历史较晚期的阶段，在一些文化中人们至今仍沿用木材生火。木柴不仅能带来光和热，还意味着早期人类可以对食物进行烹饪，这反过来促进了人类实现更多样、更健康的饮食。

大约 40 万年前，继发现木柴这种用途之后，人类建造了木制的庇护所，这标志着人类走出了洞穴与天然庇护所，取得又一项重大进步。木材是一种最为基础的建筑材料，可用于制作椽子、托梁、地板、屋顶和墙壁，而选择具有所需特性的合适木材一直是重中之重。例如，欧洲桤木（*Alnus glutinosa*）是一种轻软、柔韧、耐水的木材，自罗马时代起，它就一直被用于建造运河、水管和积水土壤中建筑物的地基。欧洲桤木实际上就生长于积水土壤中，而水城威尼斯城建于桤木桩上也绝非巧合。马拉维的国树——马拉维南非柏是另一种不易腐烂的木材，它具有类似的特性：几间建于 20 世纪

20 年代、由马拉维南非柏制成的山间小屋，坐落于海拔 2 000 米以上的山林，常年处于年降雨量超过 1 米的环境中，一个世纪后它们竟仍然完好无损。其中一间小屋几年前被烧毁，由于马拉维南非柏现在已十分稀少，因此人们用雪松属（*Cedrus*）的木材重建了这间小屋，可仅仅维持了 10 年时间，雪松木材就腐烂了。

自古以来，木材就是一种宝贵的建筑材料。如今，建筑师从树木的形态中获得灵感，再用木材完成设计，更是相映成趣。旅人教堂就是体现了这种哲学的建筑，它位于帕洛斯弗迪斯半岛的一座小丘之上，俯瞰加州海岸的太平洋。旅人教堂，又称旅人玻璃教堂，由建筑师约翰·劳埃德·赖特设计并建造，他是更为知名的建筑师弗兰克·劳埃德·赖特之子。教堂于 1951 年竣工，其灵感源自环绕四周、如大教堂般雄伟壮观的加州红杉林。这座挺拔的建筑几乎完全由木材和玻璃建造，周围的短墙上生长着兰花、蕨类和其他植物。几年前我曾有幸参观此地，那种体验无与伦比，成荫的红杉勾勒出教堂的轮廓，6.5 毫米厚的玻璃将游客与外界隔开，给人以极大的平和与宁静。

木材推动的另一项人类进步是旅行和运输。巨石阵内圈的蓝色立石每块重 2~4 吨，这些巨石来自距巨石阵遗址约 225 千米的南威尔士，而外圈重 25 吨的石块则来自 24 千米以外的地方。人们认为，这些巨石是通过木滚轴或雪橇在约 5 000 年前被拖至遗址处的。

历史上最早的车轮出现于青铜时代，具体时间在公元前 4500 年至前 3000 年期间，这与驯化马的时间相吻合。约公元前 3500 年，车轮制造工艺在近东和欧洲地区互融互通。

早期的轮子是实心的木制品，最初只是树干的横截面，后来由圆形的木板制成。木材的抗拉强度在此时尤为重要：容易开裂的木材不宜用于制作车轮。有轮辐的车轮最早出现于约公元前2000年的西亚大草原，之后出现在高加索地区的马拉战车上。18世纪随着铁路发展起来，金属车轮首次出现了。在此之前，木制轮辐式车轮一直是技术上最先进的车轮，而气动橡胶车轮直到19世纪70年代才出现。19世纪欧洲人大规模移民至北美洲、非洲南部和澳大利亚，当时他们使用的就是牛、马拉的木车。例如，美国拓荒者使用的重型康内斯托加式宽轮篷车是由橡木和杨木等硬材制成的，在任何天气条件下它们都坚固耐用。

船只的出现比车轮早得多。已知最古老的船是佩斯独木舟，它由欧洲赤松的树干制成，其历史大约可以追溯至约公元前8世纪，出土于现在的荷兰。虽然佩斯独木舟是关于船只最早的考古记录，但人们认为船只的使用可追溯至史前时代。人们推断，更早之前人类移民至东南亚，以及4万年前人类首次定居澳大利亚，都是靠乘船航行完成的，使用的可能就是木筏或独木舟。浮力和耐水性是造船木材需具备的关键属性，重量轻、树脂多的木材品种更受青睐；高抗拉强度也同样是必不可少的要素，你一定不希望船在大海上裂开吧。直到19世纪中叶，人类造出第一艘铁壳船之前，木制船与木轮一样代表着几千年来造船技术的巅峰。在英格兰朴次茅斯，人们可以参观世界上最为著名的现役木船之一——纳尔逊勋爵的旗舰、皇家海军舰艇胜利号，1765年它下水时代表了当时最先进的造船技术。该船船体所用木料由5 000多棵橡树制成，甲板、桅杆和帆桁端均采用冷杉和云杉制成；选择橡木是因为它的坚固，选择杉木是因为它的轻盈和柔韧，胜利号的橡木船体厚度达到了60厘米，其设计可以抵御20千克重的炮弹。

从纺车到水车、风车和螺旋桨，因制造木轮和船只而催生的技术进步，也推动了人类在其他领域的发展。木材蒸汽弯曲法等木材的加工和成型技术，促进了大量工具、武器、家具、乐器和手工艺品的发展。在人类历史的大部分时间中，人类的贪得无厌导致木材遭到过度砍伐，了解木材背后的更多价值也许是当务之急。

碳固存、伐木和再造林

如第9章所述，木材是一种极其有效的碳汇。在碳吸收方面，它成效卓著，能减缓全球气候变化的进程。科学家测量或估计树木干重，再将其除以2得出碳的重量，以此来量化树木的固碳量。将大量树木砍伐、晒干再称重显然并不现实，因此，树木干重（生物量）的计算是基于简便测量的推测，比如通过测量树木的胸径得出。然而，不同树种的生长速度不同，这取决于生长位置、木材密度等因素，同时表明它们捕集碳的速度也不尽相同。因此，在理想情况下，我们需要为世界上近6万个树种逐一制定公式，这可不是简单地将树木砍伐、切碎、烘干和称重。

如第3章所示，一些树木地下部分的生物量高于地上部分。由于精确测量生物量和碳汇存在困难，我们的估算相当粗略，同时也因地而异。

04 - 贝叶挂毯

约 1070 年

亚麻布上的羊毛刺绣，绘制了人们砍倒树木为诺曼舰队建造船只的场景

05 - 硬材木材

硬材树种的生长需要更长的时间，因此难以通过植树来补充从亚洲硬材林中采伐的木材

尽管树木在抵消碳排放和应对气候变化方面作用显著，但全世界的森林正在被以惊人的速度砍伐。考虑到木材用途众多，作为一种资源，它面临着巨大压力也就不足为奇了。最近发表于《世界树木状况报告》中的一项对热带地区伐木情况的评估表明：2000—2005 年，20% 的热带森林生物群落遭到砍伐或被特许为伐木区，该地区约 1/2 的面积已失去了 50% 以上的潜在森林覆盖率。此外，每年约 3 亿立方米的热带硬材遭到采伐，相当于近 1 亿棵树。这些树并未得到补充，这意味着硬材的价格只会上涨，而热带硬材树种将越来越珍稀，最终无法进行商业性采伐，甚至走向灭绝。即使政策制定者齐心协力，各国领导人信守在第 26 届联合国气候变化大会（COP26）上做出的承诺，在 2030 年前结束和扭转毁林状况，也无法解决大量非法砍伐行为的问题。据国际刑警组织估计，包括公司犯罪和非法伐木在内的各种林业犯罪，每年的犯罪数额为 510 亿~1 520 亿美元。人们是可以对天然林进行可持续化管理的，面积正在递增的北方带森林就证实了这一点，可在热带地区，要达到这种平衡还是任重而道远。

04

05

与许多其他事情的情况类似，人们要考虑与树木保护和种植相关的复杂情况。以原始森林为例，它们能比新种植的人造林更有效地吸收碳，所以从碳固存的角度来看，保护原始森林毋庸置疑是必要的措施；然而，从货币角度看，原始森林中的木材（有时是土地本身）常比碳固存的价值高得多，因此各个政府必须立法禁止砍伐原始森林，或采取激励措施以保护原始森林，实现碳捕集的目标。哥斯达黎加等国两者兼顾，支付费用给土地所有者和社区，以保持森林的完好；但在全球大部分地区，政府在保护森林方面进展缓慢，甚至没有取消发放伐木许可证等不正当的鼓励措施。

> 人们一致赞成植树增绿，但植什么树，在哪里种植？这些问题要复杂得多。

另一种既能相对有效地捕集碳又可恢复生物多样性的方法是保护退化的森林，并让这些森林通过土壤中的种子实现自然再生。在可以这样做的某块林地中，只需驱离人和牲畜，根本无须植树就能改善现状，因此这种方法很能奏效。大自然会自行完成这项工作。然而，在许多地方，土壤中的种子库已大幅缩减，以致土地中只会长出杂草和入侵物种，从而引发更多问题。在这种情况下，我们可能需要采取辅助再生的措施，在植树的同时清除杂草和入侵物种。最后的办法才是植树，而这一举措成本十分高昂，要想保证树木长久存活更是需要大量的投入，所以财政激励措施（或抑制措施）是必不可少的。

人们一致赞成植树增绿，但植什么树，在哪里种植？这些问题要复杂得多。种子库、苗圃和树木栽植技术等林业基础设施主要是为林业生产服务的。林业生产涉及对经过基因改良的树种的利用，这些树种通常是外来的植物，生长迅速且树干通直。在北半球，巨云杉（*Picea sitchensis*）、花旗松（*Pseudotsuga menziesii*）、落叶松属植物和各类松树等常生长于人工林中。在南半球

和热带地区，人们广泛种植了桉树、相思树、蒙达利松（*Pinus radiata*）和展松（*Pinus patula*）等速生软材树种，它们适合用于林业生产，但在碳捕集方面的表现并非最佳。如果这些树木被种植在了错误的地方，比如泥炭地和一些草原，那么实际上它们排出的碳会比捕集的更多，因为这些自然生境相比取代了它们的树木反而是更为有效的碳汇。上述这些植物不是本土物种，而且常被单一栽培，所以在绝大多数情况下，它们创造了贫瘠的景观，破坏了本土生物多样性。事实证明，单一栽培还存在其他问题，这些植物越来越容易遭受新出现的病虫害的侵袭。例如，在过去 10 年中，北欧的日本落叶松（*Larix kaempferi*）人造林遭受栎树猝死病菌（*Phytophthora ramorum*）的严重侵染，导致落叶松产量大幅下降。

实践表明，我们并未做好充分的准备来补充和恢复我们在大自然中发现的 6 万种树木。事实上，我们目前所掌握的方法、设施和技术，大概只能种植其中的 500种。"波恩挑战"是一项全球性目标，旨在到 2030 年时，修复 350 万平方千米退化和遭到毁林的土地。迄今为止，"波恩挑战"所做出的承诺中至少有 1/2 涉及人工林，而在这种规模下，人工林有可能成为人类对本土物种和生物多样性的又一次灾难性干预。我们必须保护自然森林和其他生境，并用本土物种对它们进行修复，只在完全退化的土地中种植外来树种——在这种情况下其负面影响才可忽略不计。如果没有这种远见，我们为捕集碳所做的不懈努力，只会通过破坏生物多样性，招致另一个问题。

树干横截面

树木的横截面年轮不仅揭示这棵树的年龄，还给出了关于它存活的那些年份的线索

旅人教堂

　　加利福尼亚州旅人教堂的建造灵感来源于自然和树形。约翰·劳埃德·赖特根据当地妇女伊丽莎白·休厄尔·舍伦贝格的愿景设计了这座教堂，这位女士于20世纪20年代末居住在帕洛斯弗迪斯半岛。

← **旅人教堂，加利福尼亚州**

约翰·劳埃德·赖特，1951 年
约翰·劳埃德·赖特在巨大的红杉中看到了平和、美好和庇护。这些意象影响了教堂的设计：环绕建筑四周的红杉树荫斑驳，增强了人与自然的联系

↘ 由于整座建筑几乎完全由玻璃和木材制成，教堂内部和外部之间的分隔变得模糊了

树干层次

　　树干横截面由树皮、形成层、边材、心材和髓构成。不同层次的厚度取决于树种、木材密度和树木生长速度。

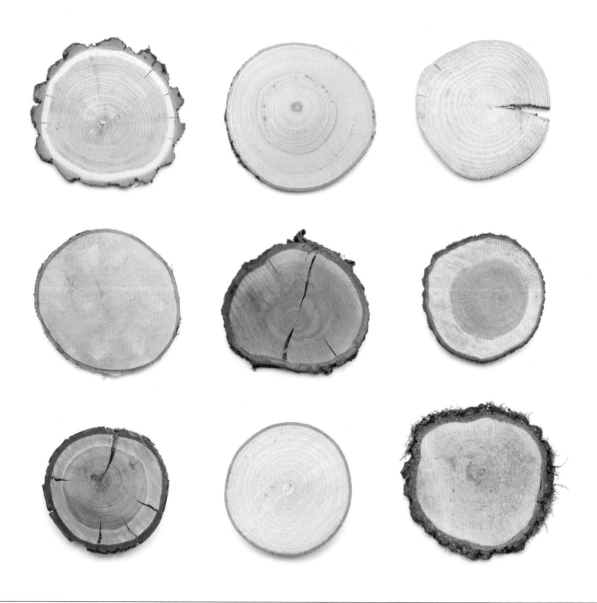

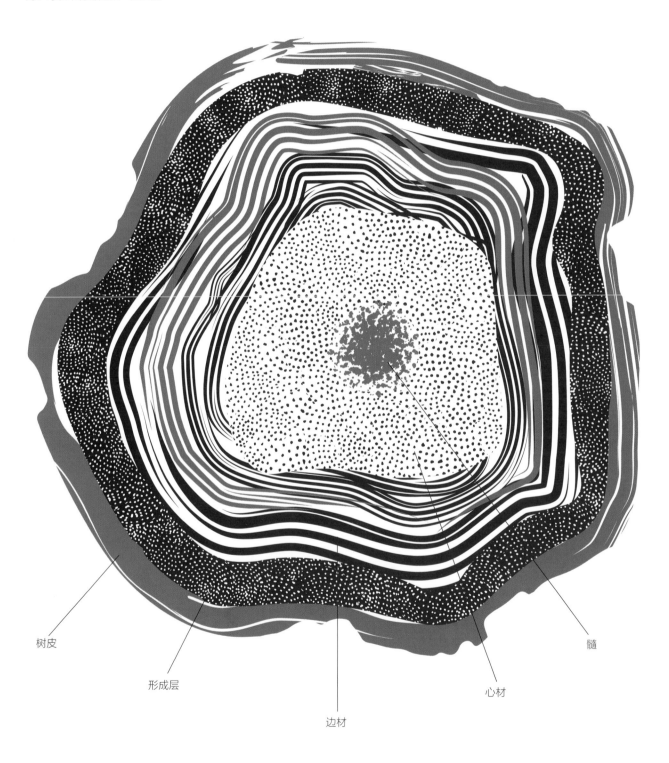

← 树干的变化

树干层次的颜色和纹理因树种而异，甚至每棵树都不尽相同。每块木材都是独一无二的

树皮

形成层

边材

心材

髓

古往今来的木材使用

　　千百年来，木材一直是人类取得的大多数技术进步的首选材料，取暖、住房、运输、武器、工具和家居用品都离不开它。也许可以这样说，如果没有树木，人类这个物种可能无法延续。

40 万年前
木制庇护所

公元前 8000 年
佩斯独木舟

100 万—200 万年前
柴火

4 万年前
木筏

公元前 4500 年—前 3300 年
木轮

公元前 2000 年
轮辐式车轮

1765 年
皇家海军舰艇胜利号

2021 年
3D（三维）打印的家居用品

公元前 753 年—前 476 年
运河、水管、地基

19 世纪
木制马车

木材

木材密度

在奥地利出生的美国研究员加布里埃尔·扬卡（1864—1932）发明了扬卡硬度测试（现多称"金氏硬度测试"），这是一种量化木材硬度的方法，测量了将小钢球嵌入木材样品时所需的力。

↙ **软材**

云杉等软材生长迅速，30~40年后即可采伐，因此软材常轮作种植，而且来源稳定

↓ **木材贸易**

木材加工中最基本的工序是将树干切割成平板，这曾是一项需要熟练技术的体力活；如今，用激光引导的电动带锯和圆锯就可以完成这一工序

根深叶茂

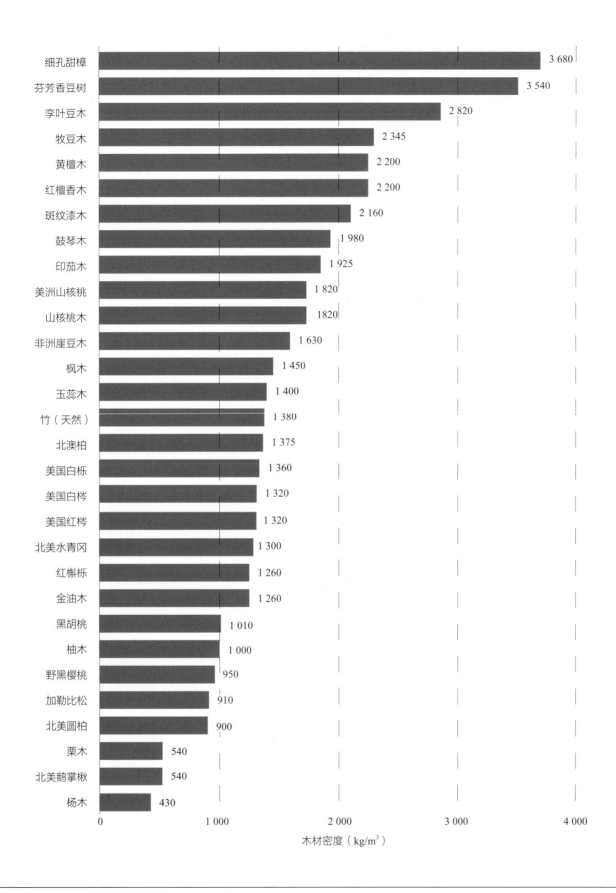

木材密度（kg/m³）

颜色

　　从黑色到棕色，从红色到黄色，木材的颜色涵盖
了一系列丰富的色调。木材质地及其花纹饰面强化了
这些颜色。

云杉木

欧亚槭

松木

黄杨木

桃花心木

黄檀木

栗木

蛇桑木

乌木黄檀

木材类型

木材可分为硬材和软材。硬材来自落叶阔叶树，如橡木、枫木、柚木和桃花心木，而软材则来自常绿针叶树，如松木、云杉木和冷杉木。

→ **野黑樱桃**

Prunus serotina

野黑樱桃木呈现出一种温暖的红色调，这种色泽会随着时间推移而加深。因为樱桃木色彩浓郁，而且质地细腻、易于加工，所以它是制作家具和家居用品的首选材料之一

→ **卡罗琳家园，伦敦**

Amin Tara + Groupwork 设计公司，2012—2017 年

这座位于伦敦贝斯沃特的阶梯式砖砌房屋，从地板到天花板，所有内饰都衬以樱桃木板，为这个公共空间提供了一张空白画布。这些樱桃木板中有几块是可移动的，能够打造出不同方式的房间隔断

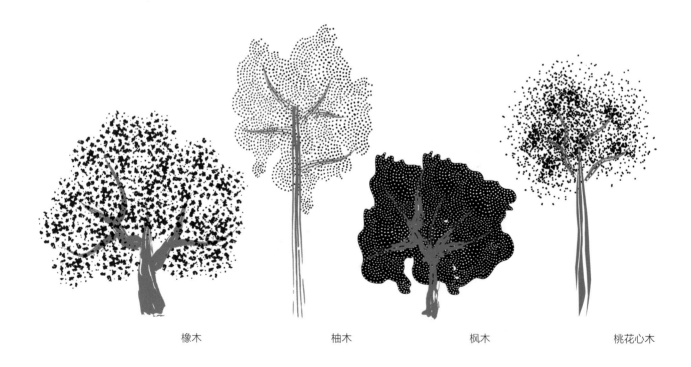

橡木　　　　柚木　　　　枫木　　　　桃花心木

硬材

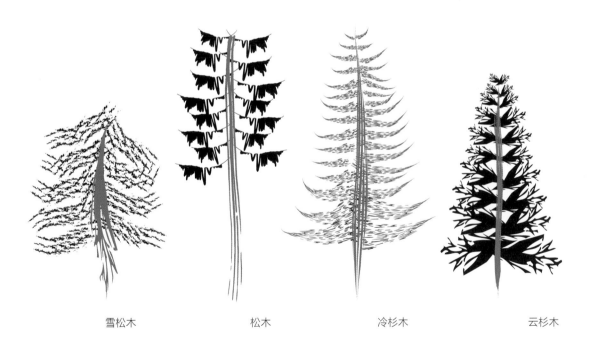

| 雪松木 | 松木 | 冷杉木 | 云杉木 |

软材

建筑

随着人口离开农村迁至城市，拥有 1 000 多万人口的超大城市还在增加。联合国估计目前全球的超大城市已有 30 多个。人们渴求绿地空间，对了解这一点的城市规划者和建筑师来说，这既是挑战，也是机遇。

天安千树项目，上海
赫斯维克工作室，2021 年
它不仅可视为一座建筑，还可视为一处地形。"天安千树"的外形宛如两座树木葱茏之山，由数百根柱体结构组成，这些柱子化身为大型的花盆，每个花盆里都栽有一丛树

香松豆

如果你在火灾发生后的几周飞越非洲中南部的荒野，你可能会看到蚀刻在地表、幽灵一般的白色树影，这些是中非著名的香松豆的"幽灵"。这种树的木质非常致密，一旦着火，它就会像香烟那样在几周内慢慢燃烧，在灰烬中沉积出完美的轮廓。香松豆常常以近乎单作的方式生长（在特定区域内只有一种树），它是林地中的优势种，竞争树种很少。在深厚的土壤中，香松豆长得又直又高，树干犹如柱子，树冠形如屋顶，营造出大教堂般的效果。到了秋天，莫帕内林地的景色与欧洲的水青冈林相仿，香松豆蝴蝶形的叶片染上了或深或浅的黄色、橘色和金色。

> 这种树的木质非常致密，一旦着火，它就会像香烟那样在几周内慢慢燃烧，在灰烬中沉积出完美的轮廓。

对许多依赖木柴的非洲南部农村居民来说，香松豆木材就像一种劣质的煤。这种木材的密度足以使其沉入水中，事实上，人们就把它用作热带鱼缸的水下装饰物。香松豆木材燃烧得缓慢而稳定，热值极高，是冬夜用来烹饪和取暖的理想燃料，燃烧时还会散发出好闻的芳香烟雾——这种烟雾可以驱赶蚊子。几年前，我在邱园工作的同事得到了海外开发基金的资助，去评估津巴布韦的各种木柴。三年后，大量的实验结论表明，香松豆是最佳的木柴。当时我忽然想到，他们只要问问津巴布韦当地人，就能节省大量的时间和费用。

↓**香松豆**

Colophospermum mopane
源自非洲中南部地区，以其木
材的高热值而闻名遐迩，这种
木材燃烧起来像劣质的煤

↘**被烧毁的树木**

在博茨瓦纳的莫瑞米野生动物保
护区，这些香松豆在旱季被烧
毁。这张图中看到的白色形状，
实际上是蚀刻在地表的灰烬

森林砍伐与植树造林

　　根据全球森林观察组织的数据，在过去 20 年中，有 411 万平方千米的森林被砍伐，面积相当于一个格陵兰岛。

← 热带硬材

热带地区的森林砍伐率最高，
而那里的原始森林和硬材并没
有通过种植而得到补充，情况
十分危急

↓ 树木苗圃

苗圃中生产的种苗只涵盖少量
的树种，世界上只有不到 1%
的树木多样性是由林业工作者
创造的

设计与技术

伊夫·贝哈尔为Forust公司设计了一系列3D打印的家居用品,这些物品完全由回收的木材废料制成。在制作过程中,要将锯木屑与天然树液黏合剂混合,再将混合物3D打印成复杂的涡旋式几何形状。这一系列产品是为一家名为Forust的添加剂制造公司设计的,该公司指出这种方法是木材工业和造纸业边角料再次物化的首创之举。

← **Forust公司"Vine系列":源自回收木材废料的3D打印家居用品**

伊夫·贝哈尔,2021年
该系列包括一个花瓶状容器、一只碗、一只篮子和一个托盘,这些物品全部采用了锯木屑复合材料,3D打印而成

↘ 这些设计仿制了不同的木质纹理,达到可与传统木材相媲美的强度和耐久性

"我认为这种材料为奇妙的循环设计提供了机会,我们可以借此用增材制造而不是减材制造的方式来开发独特的产品;这将减少树木砍伐,变废为宝。"

——伊夫·贝哈尔

花朵

花朵

简介

美国诗人和废奴主义者约翰·格林雷夫·惠蒂埃（1807—1892）写道："给傻瓜以金银，给无赖以势力，财富的泡沫起起落落；而于大地播种，守护鲜花、培植树木，其收获远超一切更多。"

这句话令人欢欣鼓舞，对那些无法与政治家或银行家争夺名利的林务员、农民和园艺工作者来说，或许也是一种安慰，而繁花满树时更是园艺师最心满意足的时刻。

01

在约翰·格林雷夫·惠蒂埃的时代，富有的地主竞相种植最新颖奇特又花开似锦的杜鹃花、玉兰、牡丹、绣球花和茶花。由于满足了人们对新物种（尤其是开花乔木和灌木）的需求，19世纪是园艺学和植物采集者的黄金时代。杜鹃花在所有庄园主的愿望清单上都高居榜首，以至于从19世纪60年代起，"杜鹃花狂热"成为一种公认的现象。

杜鹃花有1 000多个品种，它们大多能在北方的春天绽放出大而艳丽的钟形花朵。杜鹃花的多样性分布中心在温带亚洲，因此，它们非常适应欧洲和北美的气候，易于栽培，特别是在酸性土壤中表现良好。杜鹃花的探索和分类学之父是约瑟夫·多尔顿·胡克爵士（1817—1911），他是英国皇家植物园邱园的第二任园长，也是查尔斯·达尔文的密友。1848—1851年，胡克在南亚地区广泛开展考察活动，描述并采集了数十种杜鹃花的标本。他带回英国的种子在与耐寒品种杂交后奠定了"杜鹃花狂热"的基础，"喜马拉雅山谷"成为维多利亚庄园流行的特色。今天，能一睹维多利亚时代杜鹃林风采的最佳地点之一，就在英国诺森比亚的克拉格赛德（现为英国国家信托基金会所有）。

成为植物猎人并不是科学家的专利，威廉·洛布和托马斯·洛布、E. H. 威尔逊、弗朗西斯·马森与罗伯特·福琼等苗圃工作人员，也将种类数以千计的植物带到了西部地区并开始栽培。也许，最具冒险精神的是历时28年在中国西部寻找植物的乔治·福雷斯特（1873—1932），他后期的探险活动得到了杜鹃花协会的资助，作为奖励他获得了300多个新物种用以栽培。

最不幸的植物猎人无疑是戴维·道格拉斯，他是一个坚韧的苏格兰人，最初受雇于格拉斯哥植物园，后来又为1804年成立的英国园艺学会（现为皇家园艺学会）工作。1823—1834年，道格拉斯在北美，尤其是美国的太平洋西北部地区广泛开展植物采集，将200多个新物种引入了园艺业，因此备受赞誉。道格拉斯收集

01-《手扶杜鹃花的女孩》
西奥多·沃尔斯，1899年
布面油画

了花旗松等众多针叶树种，这令他远近闻名；他也引种过一些表现出众的开花乔木和灌木，如丝缨花（*Garrya elliptica*）和绯红茶藨子（*Ribes sanguineum*）等。1823年8月，他首次在纽约离船上岸时，因为太过邋遢，一开始被拒绝入境。

这只是他植物采集生涯中遭遇的众多不幸之一，他曾被马儿背着狂奔（根据道格拉斯的说法，这匹马显然只听得懂法语，而他却不懂法语）；在树上采集种子时，所有物品都被偷窃；所乘船只险些于暴风雨中沉没。遭遇恶劣天气会令人身陷险境，特别是在美国的太平洋西北部地区，但道格拉斯似乎与美洲土著建立了良好的关系，他们经常为道格拉斯引路，助他摆脱困境；不过，也有一个部落把他喝的起泡保健品误当成开水，宣称他是恶灵。也许是由于长期的困窘，道格拉斯的视力逐渐恶化，最终一只眼睛完全失明，这可能导致了他的死亡。1834年7月12日，他在夏威夷摔进了一个关着岛上的一头野牛的深坑里，当天晚些时候，当地人便发现了他被踩踏和刺伤的遗体。

> 杜鹃花在所有庄园主的愿望清单上都高居榜首，以至于从19世纪60年代起，"杜鹃花狂热"成为一种公认的现象。

在维多利亚时代的植物猎人中，我最喜爱的应该是玛丽安娜·诺斯，她既不是科学家，也不是园艺学家，而是一位艺术家。玛丽安娜出生于1830年，是萨塞克斯郡黑斯廷斯议会议员弗雷德里克·诺斯的长女，从小接受杰出文学作品和各种艺术形式熏陶的她，受到爱德华·李尔、威廉·胡克爵士、威廉·亨特和后来成为达夫·戈登夫人的露西·奥斯汀等人的影响。玛丽安娜的父亲在世时，他们常一起去各地旅行。父亲去世时，玛丽安娜39岁，未婚的她继承了一笔财产，足够她在余生中独立生活。维多利亚时代是不允许未婚女士独自旅行的，但玛丽安娜毫不畏惧，在接下来的16年中，她策划并完成了一系列史诗般的环球旅行，用明艳绚烂的色彩记录下沿途所见的风景和花草树木。玛丽安娜的精美油画作品涉及北美洲、南美洲、欧洲、亚洲、印度洋、非洲、太平洋和大洋洲的众多植物类群，在那个没有彩色摄影的时代，她的作品堪比一种虚拟的盛大观光旅行。1893年，在玛丽安娜去世的三年之后，她的游记和回忆录首次出版，正如书名《幸福生活的回忆》（*Recollections of a Happy Life*）所表述的那样，她的绘画和文字中充盈着溢于言表的喜悦。

1879年，在前往印度和大洋洲旅行的间隙，玛丽安娜·诺斯写信给当时邱园的园长约瑟夫·胡克爵士，提出在邱园建造一座画廊来存放她的画作。胡克欣然接受了这一提议，并请她参与指导建筑规划和画作布展。玛丽安娜·诺斯画廊于1882年开放，收藏了约800幅绘画作品，至今仍可于邱园参观。我一直认为这个画廊是一个隐秘的宝藏，因为它离维多利亚门和伊丽莎白门都有一段距离，而且从外观上看，它与邱园的玻璃温室和其他古建筑相比显得貌不惊人。然而，走进室内，满墙色彩斑斓、风格独特的世界植物手绘作品足以令人折服。她所绘制的树木，如印度的杜鹃花、刺桐属植物和南水青冈（*Nothofagus obliqua*）等更是精美绝伦。当带领游客参观邱园时，我们经常会给画廊参观者设置一个小挑战：找到现存唯一的一幅玛丽安娜·诺斯自画像。这个问题着实有点儿"狡猾"，她的自画像就挂在与前门相对的左侧墙壁上，画面中有一个从头到脚一身黑衣的小人，画的是她在亚洲旅行时坐在轿子上的模样。

一般来说，蜜蜂会对蓝色、紫色和粉红色做出响应，飞蛾偏爱白色、奶油色等较浅的色调，而胡蜂、蚂蚁和苍蝇则青睐黄色；甲虫和蝴蝶喜欢红色和蓝色。

02-欧洲刺柏

Juniperus communis

刺柏是雌雄异株植物，也就是
说雄花和雌花生长在不同的树
上。雄花和雌花都小小的，很
不显眼，这就表明该物种是通
过风传粉的。雌花发育为球
果，可用于给杜松子酒调味

02

花的形状、颜色和气味

与所有开花的植物一样，树木开花的主要目的是受
精。在一些物种中，雄花和雌花分别生长在不同的植株
上，这被称为雌雄异株。这种方式的优点在于树木不会
自花传粉，从而避免了自交；而缺点在于性别不同的树
必须处于传粉范围内，欧洲枸骨（一种冬青树）就是雌
雄异株的树木，只有雌树才会结出我们在圣诞节时用作
装饰的浆果。非洲南部的象李（*Sclerocarya birrea*）也
是一种雌雄异株的树，它的果实深受大象的喜爱。如果
你把房子建在一株象李雌树的树荫下，到了 5 月你就得
注意了——当这棵树结果时，可能会有一些体形庞大的
客人前来造访。其他一些树种会在同一植株上开出结构
不同的雄花和雌花，但雄花和雌花的开放往往并不同时
进行，这有助于最大限度地减少自花传粉，这样的树被
称为雌雄同株。桦木、山核桃、栗、榛、水青冈和胡桃
等属的树木都是典型的雌雄同株植物。最后，许多物种
产生了既是雌性（具有子房、花柱、柱头）又是雄性
（具有雄蕊）的两性花。

树木花朵的形状（形态学）、颜色和气味可以很好地说明树木是如何传粉的。开出不引人注目的小花朵、没有显眼的艳丽花瓣的树种，很可能是依靠风来传粉的，它们通常会以垂于枝条的穗状花序或柔荑花序的形式开花，帮助花粉在微风中飘散。拥有风媒花的树种有桦树、榛树和栎树等。相比之下，花朵大且艳丽的树木

03

很可能介由鸟类、昆虫或哺乳动物来传粉。大多数动物媒植物都依赖昆虫传粉，尽管颜色是传粉昆虫的重要线索（还有形状和气味），但颜色不一定是最主要的吸引力来源。一般来说，蜜蜂会对蓝色、紫色和粉红色做出响应，飞

据国际蝙蝠保护组织称，蝙蝠为 530 多种植物传粉，包括杧果、番石榴、榴梿和香蕉等热带果树。

蛾偏爱白色、奶油色等较浅的色调，而胡蜂、蚂蚁和苍蝇则青睐黄色；甲虫和蝴蝶喜欢红色和蓝色。花朵的颜色也是一种可育性的指标，鲜艳的颜色会随着花朵衰老而褪去。有些树木的花朵竟能改变颜色，随着时间推移吸引不同的传粉者。例如，使君子（Combretum indicum）的花朵最初为白色，随后变成粉红色，最后呈现红色。人们已经证实白色的花朵可以在夜间吸引飞蛾传粉，粉色花吸引的是蜜蜂，而红色花吸引的是蝴蝶。通过这种机制，该植物在数周内吸引了一系列传粉者，而不是仅仅依赖单一的传粉者群体。

　　如果一种植物的确依赖单一、专门的传粉者，那么它可能具有繁殖上的优势。这代表了一种与其他物种协

03-《捕蛛鸟》

锡兰捕蛛鸟

Arachnothera zeylonica

这幅画中的捕蛛鸟是一种太阳鸟。与蜂鸟一样，太阳鸟是树木的重要传粉者

04-无花果

榕属

每个榕果的内部都有一个被称为隐头花序的空腔，其内部有数百朵小花

04

同演化、互惠共生的现象，我们将在第 8 章进行更深入的探讨。榕属植物就是一个极端的例子，其内翻式的花朵是与某些榕小蜂协同演化的结果。

下次你再吃无花果时，请把它掰开来仔细检查，你会在果实内部发现数百个小种子——实际上，整个果实就是一个内翻的小花束。无花果内部的空腔被称为隐头花序，花朵伸入其内部。专门的榕小蜂会通过一个小口进入隐头花序，在那里为花朵传粉并产卵，隐头花序随即成为榕小蜂的"托儿所"。卵孵化出两种性别的榕小蜂，雄蜂与雌蜂交配后，会为雌蜂制造一个出口使其飞出，接着，完成了使命的雄蜂便会死去，而花朵发育为果实，循环往复。榕属植物大约有 750 种，每种都有自己的传粉蜂类。

植物产生花香，主要是为了吸引传粉昆虫，蜜蜂、胡蜂、蛾类和蝴蝶都被花蜜的甜美气味所吸引，而传粉甲虫则会被浓郁的霉味、辛辣味或果味所引诱。赞比亚的卢安瓜河谷可能是非洲野生动物最集中的地方，6~7 月晚间，游客结束活动返回住所时，总会闻到小果叶下珠（*Phyllanthus reticulatus*）弥散的气味。这种泛热带小乔木的花几乎肉眼不可见，但夜幕降临后，它们会散发出一种极其强烈、类似于烤土豆的气味。这种气味的来源如此难以捉摸，以至于非洲民间传说认为它是只能感知却永远无法看到的蛇发出的气味。事实上，这气味吸引了头细蛾属（*Epicephala*）的几种传粉蛾。

与昆虫相比，鸟类没有发达的嗅觉，因此气味一般不是鸟类传粉的诱因。另一方面，蝙蝠会被夜间可以看到的浅色花朵所散发出的麝香、硫黄气味所吸引。据国际蝙蝠保护组织称，蝙蝠为530多种植物传粉，包括杧果、番石榴、榴梿和香蕉等热带果树。因此，蝙蝠数量的减少对所有这些作物产生负面影响，这也会阻碍当地经济的发展。

对有专门传粉者的树木来说，开花的时间（物候）必须与传粉者生命周期中的正确时间相吻合：如果虫媒植物在周围没有昆虫的情况下开花，它们就不能受精。可悲的是，人类活动有时会破坏这种微妙的同步。人们已经证实，将新烟碱类杀虫剂用作欧洲油菜等作物的种子包衣剂或用作果树喷雾剂，会因损害蜜蜂的归巢能力而增加它们的死亡率，并会降低熊蜂和独居蜂的繁殖成功率。2018年，欧盟禁止使用主要的三种新烟碱类杀虫剂，主要原因是担心蜜蜂数量急剧下降，对草莓、覆盆子等浆果行业产生重大影响。由于缺少蜜蜂，许多果农不得不从蜜蜂种群未受影响的国家进口蜜蜂。不幸的是，这也会导致蜜蜂寄生虫（如螨虫）和疾病的引入。

全球变暖也对植物物候产生了影响。在2006年进行的一项研究中，科研人员分析了542种欧洲植物的12.5万条物候学记录，发现在1971—2000年期间，展叶和开花的平均时间每10年提前了2.5天。对借助风或多种昆虫传粉的"多面手"树种来说，这不构成障碍，但对依赖单一传粉者的树种来说，提前开花可能就意味着错失了其传粉者的服务。自1953年以来，日本气象局在日本长野监测了几种樱花的开花物候及其传粉者菜粉蝶（*Pieris rapae*）在春季出现的日期，发现过去

30年中开花时间趋于提前，而蝴蝶的出现则推迟了。

后文将讨论樱花在日本文化中的重要性，而通过英国"双花"单柱山楂（*Crataegus monogyna* 'biflora'）的例子可以看出，花如何影响了人类的布道。与野生山楂不同，这个特殊的栽培品种每年开两次花：一次是在春天，像平常品种一样；另一次是在冬天圣诞节期间，此时是没有传粉昆虫的。这一奇异特性使得关于格拉斯顿伯里山楂（单柱山楂）的神话更具说服力：在耶稣死后不久，亚利马太的约瑟夫带着圣杯和一根法杖到访此处，他把法杖插入土地，山楂树便由此长出。这个传说的起源可以追溯到中世纪，很可能是一种将朝圣者引至格拉斯顿伯里修道院的计谋。最初的那株山楂树于1647年英国第二次内战期间遭到摧毁，可能是由于它与天主教和圣诞节有关而毁于一名议会的士兵之手。传说在它被毁之前，人们秘密剪取了这棵圣树的插条，因此它的后代仍生长于圣约翰教堂的院子里，并保持着在圣诞节时开花的"神奇"习性。

榕果花束

榕果（无花果）有一层绿色的外皮，随着果实成熟而加深为浓郁的紫色。其内部本质上是由数百朵内翻的小花组成的花束。这些花由专门的榕小蜂进行传粉，榕小蜂通过一处小开口进入花朵内部。

← 无花果
萨拉·汤普森-恩格斯，
2009 年
油画棒和粉笔画

↓ 无花果
约翰·雅各布·海德，1704—
1767 年
彩色版画

树之花

大多数开花树种都是核果类果树（比如李属植物）。这些树种中的大部分都经由昆虫传粉，对昆虫来说，颜色和气味是重要的线索。

巴西刺桐
Erythrina falcata

欧洲甜樱桃
Prunus avium

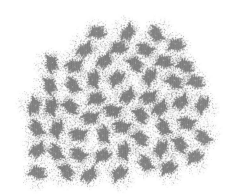

黑海杜鹃
Rhododendron ponticum

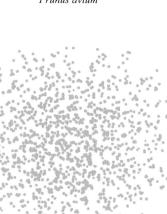

黄香杜鹃
Rhododendron luteum

钟花樱
Prunus campanulata

串珠杜鹃

Rhododendron hookeri

金花茶

Camellia petelotii

垂枝大叶早樱

Prunus subhirtella var. *pendula*

大岛樱

Prunus speciosa

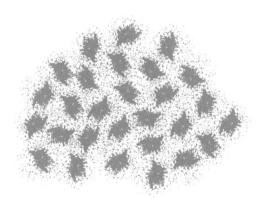

粉紫杜鹃

Rhododendron impeditum

扁桃

Prunus dulcis

传粉方式

　　树木通过几种不同的方式进行传粉。树木花朵的形状、颜色和气味都暗含线索，可以指引着我们找出树木的传粉方式。不显眼的小花朵表明该树种借助风来传粉，明艳的大花朵则是为了吸引动物——鸟类、昆虫或哺乳动物来传播花粉。

01

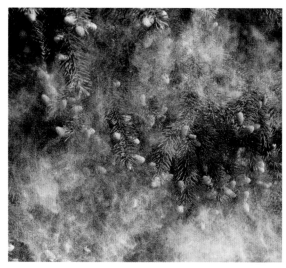

02

03

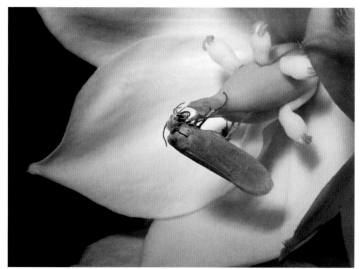

04

01- 鸟类传粉

凤梨科

蜂鸟是凤梨科的重要传粉者

02- 风媒传粉

松属

松树产生大量随风飘散的花粉

03- 蜜蜂传粉

苹果树

蜜蜂对果农来说是必不可少的

04- 飞蛾传粉

软叶丝兰（*Yucca faxoniana*）

一种丝兰蛾（*Tegeticula antith-etica*）专门为这种丝兰花传粉

05- 蝙蝠传粉

巴利龙舌兰（*Agave parryi*）

蝙蝠传粉对龙舌兰酒的生产来说具有重要的经济意义

06- 蜥蜴传粉

凤梨科

蜥蜴为许多热带植物传粉，如凤梨科和露兜树属植物

07- 蜜蜂传粉

银荆（*Acacia dealbata*）

蜜蜂为许多树种传粉，包括开出黄灿灿花朵的银荆

08- 蝴蝶传粉

大叶醉鱼草（*Buddleja davidii*）

醉鱼草是蝴蝶最喜欢的植物，常被称为"蝴蝶灌木"

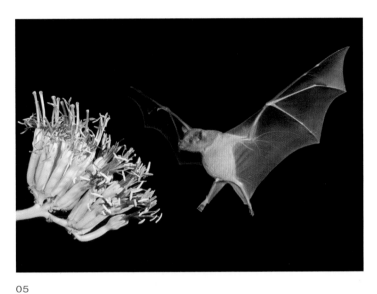

05

06

07

08

解剖结构

花的解剖结构包括产生花粉的雄性部分（花药和花丝），以及接收花粉的雌性部分（柱头、花柱和子房）。

一种印度森林中常见的树，宫粉羊蹄甲
（*Bauhinia variegata*）的叶、花和果实
玛丽安娜·诺斯，1878 年
木板油画

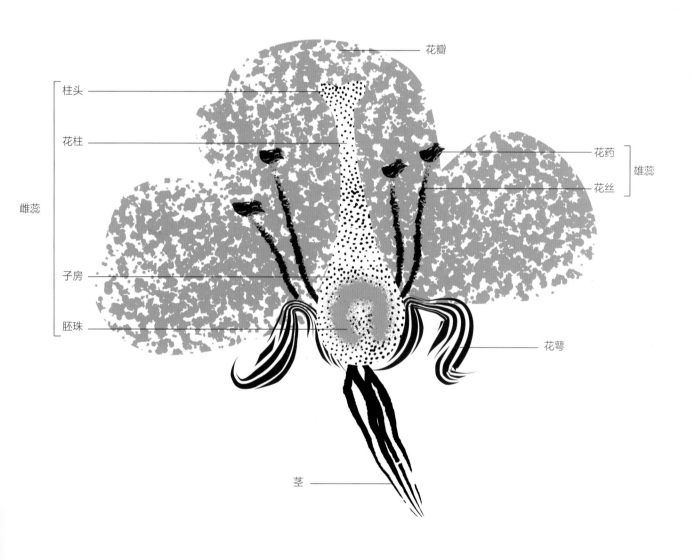

花瓣

柱头

花柱

花药

雄蕊

花丝

雌蕊

子房

胚珠

花萼

茎

开花树种的起源

被子植物（又称有花植物）起源于 1.3 亿年前，在白垩纪期间演化出巨大的多样性。它们是陆生植物中最具多样性的类群，已知约 37 万种。在马达加斯加岛等地理位置孤立的地方，被子植物的物种多样性最高，该岛的 1.4 万个植物物种中有超过 90% 都从未在其他地区出现过。

01-蓝花楹（*Jacaranda mimosifolia*），巴西

02-火焰树（*Spathodea campanulata*），加纳

03-铁刀木（*Senna siamea*），泰国

04-凤凰木（*Delonix regia*），马达加斯加

05-荷花木兰（*Magnolia grandiflora*），美国

06-欧洲七叶树，巴尔干半岛

07-珙桐（*Davidia involucrata*），中国

08-串珠杜鹃，不丹

09-洋木荷（*Franklinia alatamaha*），美国

10-吊瓜树（*Kigelia africana*），中非

11-黑海杜鹃，土耳其

12-红花桉（*Corymbia ficifolia*），澳大利亚

花朵

根深叶茂

櫻花，多摩河堤
安藤广重，1797—1858 年
选自《名所江户百景》
日本印刷品

花见

日本的"花见"（赏花）传统可以追溯到几千年前，至少从 8 世纪的奈良时代开始，甚至可能更早。日本庆祝果树短暂开花的节日主要围绕着樱花开展，有时也会围绕梅花开展。过去，樱花的盛开标志着插秧季的开始，人们还会通过供奉栖居树上的神道教神祇或"迦微"（神）来祈祷丰收。事实上，佛寺和神社里的一些古树至今仍受人敬仰。

在日本，樱花的盛放具有重要的文化意义。樱花盛放预示着春天的到来，人们像预报天气一样预报樱花的盛放。

在日本，预测"樱前线"就像预报天气：电视和广播节目都会关注着它从南方亚热带岛屿冲绳开始，于整个三四月间向北推移的过程。

如今，"花见"一如既往地受人欢迎，它不失为一个庆祝春天到来的好时机。在日本，预测"樱前线"就像预报天气：电视和广播节目都会关注着它从南方亚热带岛屿冲绳开始，于整个三四月间向北推移的过程。人们常在公园举行户外樱花派对，伴随着纸灯笼的点点亮光，赏夜樱十分流行。像大多数庆祝活动一样，"花见"是一个尽享美食、开怀畅饮的场合，米酒（清酒）是首选饮品，祈祷和歌唱也是常见的传统活动。

日式花园除了在日本国内享有举足轻重的地位，也是日本文化的一项重要输出。世界上几乎每个主要城市都拥有一座日式花园，尽管其中有许多是衍生品，但从概念上讲，它们遵循了日本的自然主义美学，即避免直线，效仿范围更宽广的风景，将季节性的色彩、艺术性的硬质景观与水景相结合。

2012 年，我在邱园千年种子库工作时，接待了日本大使和一个福岛代表团的访问。福岛在前一年遭遇了毁灭性的海啸。他们带来了附近小镇的"三春飞瀑樱花"的种子，这棵树有 1 000 多岁，在海啸中幸存了下来。代表团把种子带来千年种子库，以感谢英国在灾难中施以援手，同时也是为了让种子能在种子库得到安全存放。这份礼物极具象征意义，因为在日本，樱花转瞬即逝的灿烂是对生命本身的一种隐喻。"三春飞瀑樱花"在海啸中幸存的事实提醒着我们，自然之美往往超越了人类的生命和苦难。

　　"三春飞瀑樱花"是一种垂枝樱花（"伊藤樱"，垂枝大叶早樱），是日本最古老的樱花栽培品种，其历史至少可以追溯到平安时代（794—1192 年）。这种樱花是日本樱花栽培品种中寿命最长的，也易于长成大树。出于这个原因，日本有许多该品种的大树和古树，因其与神庙和佛寺的联系而常被视为神物。在镰仓时代（1192—1333 年），原产于伊豆大岛的大岛樱成为广受欢迎的栽培品种；随后在室町时代（1336—1573 年），出现了以大岛樱为基础的"佐藤樱"杂交品种群；最终在江户时代（1603—1868 年），涌现出大量重瓣樱花品种——这一时期的书籍记录了 200 多个樱花品种。

→旭山花见
歌川广重，江户时代（具体创
作时间在 1615—1868 年）
木刻版画，纸本水墨

↓三春飞瀑樱花
Prunus subhirtella var. *pendula*
'Itosakura'
福岛县这棵备受尊敬的樱花树
约有 1 000 多年的历史，受到
政府保护

在日本，"花见"围绕着该国数量繁多的樱花开
展，在少数情况下主角也会是梅花。这一传统至少可
以追溯到 8 世纪左右的奈良时代。

根深叶茂

千代田后宫赏花

丰原周延，1894 年

一幅浮世绘风格的连环画，描绘了
千代田江户城后宫中的赏花会

时装

　　迪奥 2020 春夏系列时装秀展示了一个"包罗万象的花园"，这座花园拥有 164 棵临时树木。这是一次迪奥与 Coloco 的合作，Coloco 是一个由植物学家、园艺学家和城市景观设计师组成的团体，其理念是通过公共花园"促进居民与自然之间的积极交流"。这些树木后来被捐赠给巴黎地区的可持续发展项目，为城市的心脏地带带来全新绿意。

"克里斯蒂安·迪奥热爱花园，鲜花是迪奥传统的一部分。但如今，当我看到鲜花和花园时，我所见的不仅仅是快乐或自然之美。我还看到了对我们自身未来的全面担忧，以及采取行动的必要性……所以我在问自己，我们如何才能以一种有意义的方式来赞颂自然？"

——迪奥创意总监玛丽亚·格拉齐亚·基乌里

设计与技术

在荷兰设计师玛蒂尔德·鲍尔哈温设计的人造花系列中，所有作品都名为"昆虫学：嗡嗡声的食物"，该系列产品能将雨水变成糖水。鲍尔哈温设计的五种花朵由丝网印刷的聚酯纤维制作而成，每种花都可用作"五大传粉者"（蜜蜂、熊蜂、食蚜蝇、蝴蝶和蛾类）在城市中的应急食物来源。

↓ **昆虫学：嗡嗡声的食物**
玛蒂尔德·鲍尔哈温，2019 年
该系列有五种花，每种花都有不同的配色和设计。鲍尔哈温说："我研究了昆虫为什么会被特定的花朵吸引，原因不止一个，包括花朵的颜色、形状和气味。"

→ **蝴蝶设计**
由于蝴蝶往往有较长的口器（2~5 厘米），因此它们的进食时间较长。蝴蝶也因此常选择底部花瓣更大的花朵，以便能稳定地休息——人造花设计也仿制了这一特征

果实

果实

简介

　　果实的形状各异，大小、颜色和质地也不尽相同。果实中包含着树木的种子，其肉质的结构是为了让大大小小的生物来享用。大多数人类食用的水果只限于当地出产的，这就意味着许多水果品种尚未得到人们的广泛了解。

01

这个非洲树种的果实可重达22千克，虽不可食用，但它们能用于酿造传统啤酒

苹果砸在艾萨克·牛顿爵士的头上，令他发现了著名的万有引力定律，可如果牛顿坐在另一种树下，或许就无法提出这一理论了，好比非洲南部河流沿岸的果实重达22千克的吊瓜树。果实的存在是为了传播种子，所以它们常有理可循地发展出某种形状。就吊瓜树的果实而言，它巨大的尺寸可能是为了更好地吸引以其为食的大型动物，如河马、犀牛和大象等，这些动物都是非洲灌丛中传播种子的能手。

与所有植物学名词的情况一样，植物学家根据果实的功能或形态，创造出一张庞大的词汇表——浆果、连萼瘦果、核果、柑果、瓠果、荚果、梨果、翅果和合心皮果等。本书只讨论几种在树木上常见的果实类型。核果是一种有着坚硬果核的果实，肉质的果肉和外皮常常将果核包裹，李子、樱桃、杏子、杧果和桃子都是核果。浆果的肉质果实中嵌有的种子不止一粒，如柿子、黑醋栗、葡萄和接骨木果等都属于此类。柑橘类的果实是浆果的一种，但因其果实中具有分隔，被称为柑果，诚然，这个词并不常见。法语中的"pomme"一词意为"苹果"，所以"pome"（梨果）一词更为人们熟识，苹果、梨、榲桲和花楸都是梨果——相对较硬的果肉包裹着含有种子的果核。其他常见的树木果实类型还有荚果和翅果：荚果以开裂或不开裂的方式释放种子；而翅果有翼，能随风飘散。上文提到的吊瓜树多少有点儿另类，它更接近瓠果，瓠果的果肉中遍布众多种子，或像甜瓜、黄瓜那样种子集中在果实中间；吊瓜树的果实实际上是演化后的荚果，但与它所属的紫葳科中大多数植物的荚果不同，吊瓜树的果实不会开裂。

果实为什么重要？

对树木来说，果实是散播种子的方式，而在此过程中，它们为大量物种提供了食物，从微生物到最大的哺乳动物，也包括了人类。在自然生态系统中，果树是构建生境的工厂。它们吸引来以果实为食的鸟类和其他动物，这些动物又会带来吃下的其他果实的种子，这令果树得以繁殖，也令果树周围植物类群的多样性得以增加。当人类试图修复复杂生境时，果树对"物种框架"方法来说至关重要，这种方法首先需要种植作为先锋的关键种和果树树种，以启动演替并帮助更多的物种站稳脚跟。然而，这种构建生境的方法要想取得成功，就需要附近有成片的自然森林，这样鸟类和其他动物才可以从那里运来种子。

有一个典型的关键种就是178页的无花果（榕属）。1 200多种不同的鸟类和哺乳动物以榕树的果实为食，榕果养育的鸟类和昆虫种类比其他任何果实都多。世界上750种榕树中有许多种类每年至少生产两茬榕果，最大的榕树生产的果实是以吨而不是千克来计算的。榕树是当之无愧的产果明星，但即使是最不起眼的开花树木或针叶树，也会结出供某些生物食用的果实。将所有这些受益物种的数量与世界上大约6万种树这个数字相乘，你就可以看出树木的果实在食物链底端发挥了多么举足轻重的作用。

> 1 200多种不同的鸟类和哺乳动物以榕树的果实为食，榕果养育的鸟类和昆虫种类比其他任何果实都多。

以树为食

当谈及食用植物的果实或种子时，人类相当保守。在我们基于植物的热量摄入中，大约50%来自3种草本植物的种子——小麦、玉米和水稻；这部分热量的80%来自12种植物的种子或块茎——小麦、玉米、水稻、大麦、燕麦、小米、高粱、穄子、马铃薯、甘薯、山药和芋头，这些植物都不是树木。总的来说，据称人类食用的植物不超过200种；不过，也有一些专家估计，在总共40万种植物中，我们可食用的有30万种。

香蕉、苹果、橙子、杧果、杏子、橘子和桃子是最受欢迎的长在树上的贸易水果（按顺序排列）。2019年全球香蕉产量高达1.15亿吨，但这个数字只涉及正规的市场，自给自足的农民和农村居民食用或非正式地交易着更多种类的水果。例如，非洲中南部的克氏柱根茶（*Uapaca kirkiana*）及其近亲马达加斯加的博氏柱根茶，结出李子般大小的甜美果实，味道类似烂熟的杏干，这在偏远地区是极为重要的营养品。同样，非洲的班图李（*Parinari curatellifolia*）也产出一种类似李子的果实，横跨整个大陆地区的人们都在享用这一美味。实际上，班图李是如此重要，以至于1873年维多利亚时代的探险家戴维·利文斯通死于奇坦博酋长村时，他的心脏就被埋葬在一棵班图李树下。

面包树（*Artocarpus altilis*）是比较著名的次要水果作物之一，它与随处可见的无花果同属一科。面包树源自野生树种多籽面包树（*Artocarpus camansi*），多籽面包树产于新几内亚、马鲁古群岛和菲律宾。早期南岛移民将面包树的驯化品种从本土传播至南太平洋，之后欧洲人又引种至新大陆。1787年，臭名昭著的英国邦蒂号受命将面包树从塔希提岛运输至西印度群岛，以了解它是否适于在那里种植。可邦蒂号未曾抵达加勒比海，中尉弗莱彻·克里斯琴带领一半船员于汤加附近发动叛变，迫使布莱船长和军官乘坐一条邦蒂号上的小船在海上漂流。在这次非凡的航海壮举中，19名忠诚的军官和海员乘坐这艘7米长的敞篷船，航行了3 500海里（约6 482千米），终于抵达了荷兰人在帝汶岛上的定居点库邦（今古邦）。在此期间，叛变者最终在皮特凯恩群岛上安家，他们的后代如今仍然生活在那里。邦蒂号上有两位植物学家戴维·纳尔逊和威廉·布朗，纳尔逊忠于布莱船长并最终随他抵达库邦，但几天后因发烧而不幸去世。塔斯马尼亚的纳尔逊山就是以他的名字命名的。与此同时，威廉·布朗是前往皮特凯恩群岛的叛变者之一，他在"大屠杀日"（1793年9月20日）被波利尼西亚贵族米纳里杀害。尽管面包树最终被运送到了西印度群岛，但讽刺的是，当地人从未把它看作一种作物，他们更偏爱芭蕉和其他主食。

原产于马来西亚、印度和斯里兰卡的波罗蜜（*Artocarpus heterophyllus*）是与面包树亲缘关系接近的带刺表亲。在南亚和东南亚，波罗蜜是人们普遍食用的水果；它也是孟加拉国和斯里兰卡的国果。波罗蜜香甜的果肉类似于菠萝或香蕉，它的种子经过煮熟、烘烤后也可食用，味道接近巴西栗。波罗蜜与面包树一样，往往尺寸巨大，长度可达30~100厘米，直径可达15~50

> 总的来说，人们认为人类食用的植物总共不超过200种，然而也有一些专家估计，在总共40万种植物中，我们可食用的有30万种。

厘米。波罗蜜可以重达 10~25 千克，它是另一种你不能
在下面打盹儿的树。

还有一种略小一些的出名水果，与波罗蜜外观相
似，那就是原产于加里曼
丹岛和苏门答腊岛的榴梿
（*Durio zibethinus*）。榴 梿
的果实与波罗蜜一样，大
而有刺，长度可达 30 厘
米，直径可达 15 厘米。与
来自桑科的波罗蜜不同，
榴梿属于锦葵科。榴梿的坏名声来自其强烈的味道和气
味，英国博物学家阿尔弗雷德·拉塞尔·华莱士曾对榴
梿的味道进行了著名的描述：

> 榴梿的果实和波罗蜜
> 一样，又大又尖，可
> 长达 30 厘米，直径
> 可达 15 厘米。

"榴梿果实的 5 个隔室内部如丝绸般亮白，里
面填充有一团奶油色的果肉，每团果肉中含有约 3
枚种子。这些果肉是可食用的部分，其黏稠程度和
味道难以形容，大体上类似于杏仁味浓郁的奶油蛋
羹，但偶尔夹杂别的风味，让人联想起奶油干酪、
洋葱酱、雪利酒和其他格格不入的菜肴。果肉中还
有一种其他食物所不具备的丰富糯滑感，令它美味
倍增。榴梿既不酸甜，也不多汁，但它并不需要这
些特质，因其本身就很完美，榴梿不会令人产生恶
心或其他不良的感受，吃得越多，就越停不下来。
品尝榴梿着实是一种新鲜的感觉，值得到东方去亲
身体验。"

02

03

尽管大多数人都能接受榴梿的味道，但能否接受它的气味就因人而异了。这种臭味让人联想起未经处理的污水、难闻的呕吐物、洋葱和松节油，因此新加坡等地禁止人们携带榴梿乘坐公共交通工具。几年前，我们在邱园举办过一次公众活动，让游客有机会品尝可能从未接触过的各种水果和蔬菜。在品尝榴梿时，我们把摊位设在一个单独的帐篷里，帐篷离提供其他水果的橘园温室有一段距离；我们还邀请游客写下他们对榴梿味道的印象。由于涉及复杂的化学物质，以及这些物质在味觉上引发的联想，人们的描述各不相同，大多数人尽管喜欢榴梿的味道，但对它的气味感到厌恶。

是什么让果实引发食欲？

由于果实的主要目的是传播种子，因此它已演化出一套吸引动物取食果肉再将种子完整排出的方法。虽然果肉对树木来说是一次性的，但种子对繁衍来说至关重要，必须加以保护。为此，对鹦鹉等食籽雀来说，种子本身得难以下咽或令动物感到排斥才行，榴梿或面包树就是这样，种子由大量黏稠的果肉包裹着。倘若果实还未成熟，就会看起来令人不悦，因为它们所含的种子没有发育完全，还不适合传播。荔枝（*Litchi chinensis*）就是一个这样的例子，其未成熟的果实含有毒素次甘氨酸A，如果大量食用未成熟的荔枝，就会导致严重的低血糖；另一个例子是在未成熟的腰果和杧果中发现的毒素漆酚，会导致大多数人出现严重的过敏反应。

果实颜色能在多大程度上吸引传播者，是一个颇具争议的问题，但有证据表明，颜色对鸟类来说是至关重要的因素。鸟类是"四色视觉者"，这表明鸟类眼睛的视网膜上有四种不同类型的视锥细胞（而我们只有两

鸟类的视觉优于嗅觉，因此，人们认为鸟类是被水果的颜色所吸引的。

↓04−苹果
鲜艳的色泽表明水果已经成
熟，可供食用，从距离很远的
地方就能注意到它们

种），因此它们能够比人类看到更多的色彩，包括紫外光谱上的颜色。鸟类的视力优于嗅觉，基于这些原因，人们认为果实的颜色（尤其是红色、紫色和黑色）可以吸引鸟类，而哺乳动物则可能更容易被气味所引诱。鸟类似乎会主动避开绿色的果实，还有一些并非基于科学证据的传闻表明，它们也不青睐白色的果子。

尽管人类对颜色的感知相对有限，但因为我们将果实的生机与成熟度联系起来了，所以人们也喜欢色泽鲜艳的果实。因此，在培育水果栽培品种时，颜色是一个重要的特征。其他有价值的特征还包括：抗病性、形状与质地的均匀性、良好的贮存潜力、诱人的果香和美味的口感。遗憾的是，出于规模化生产和漫长的全球供应链的需要，人们选育现代水果栽培品种的目标，往往是获得更良好的抗病性、保质期和均匀性，而不是追求其口味。以苹果为例，人类种植苹果的历史已有数千年，经驯化的苹果主要来自四个野生种［新疆野苹果（*Malus sieversii*）、东方苹果（*Malus orientalis*）、森林苹果（*Malus sylvestris*）和楸子（*Malus prunifolia*）］。经过驯化，人类培育出数以千计的苹果栽培品种，如今从理论上讲我们能获得 7 500 多种不同的苹果。然而，进行商业贸易的品种只有大约 30 个。世界上最受欢迎的苹果品种是蛇果、嘎拉、澳洲青苹、黄香蕉、粉红佳人、鲍尔温苹果、麦金托什红苹果、蜜脆苹果、红富士和科特兰苹果，虽然这些品种都具有良好的形状、储存特性、质地和颜色，而且易于收获，但肯定还有更加美味可口的苹果品种。

许多果实并非"纯种"，这是培育水果栽培品种的主要挑战之一，也就是说如果从种子开始培育，后代不一定具有与亲本相同的特征。譬如，为了确保母本遗传基因得以保持，苹果、梨、大多数的桃子、部分李子、杏和樱桃都需要进行无性繁殖。通常，无性繁殖的过程需要从理想的产果母本（接穗）上取下插条或芽，并将其嫁接到不同品种的砧木上，使嫁接苗能够在特定的土壤类型或气候条件下茁壮成长。如果你从苗圃购买了一棵果树，那么你会看到根球上方7~8厘米处有个典型的隆起，即嫁接的地方。

在种子库中低温保存树木的种子比维护活树的成本要低得多，但果树种子不是纯种，所以人们需要保存母树的组织。为此，人们采用一些替代技术来保存水果的栽培品种，如在液氮中对芽或生殖组织进行超低温保存等。全球重要的水果品种库有雷丁大学在肯特郡布罗格代尔设立的英国国家苹果栽培品种收藏中心，还有夏威夷国家热带植物园面包树研究所的全球面包树栽培品种库。

> 如果你从苗圃购买了一棵果树，那么你会看到根球上方 7~8 厘米处有个典型的隆起，即嫁接的地方。

05

位于比利时勒芬的国际大香蕉改良网络种质交换中心（ITC），也许是最出人意料的全球水果收集地点，它是世界上最大的香蕉栽培品种收集地。

邦蒂号暴动

　　1789 年 4 月，在执行从塔希提岛向西印度群岛运输面包树的任务时，心怀不满的船员夺取了英国皇家海军邦蒂号。在弗莱彻·克里斯琴的带领下，叛变者迫使他们的船长威廉·布莱和 18 名忠于职守的船员乘坐一艘敞篷小艇于海上漂流。克里斯琴和他的几个追随者藏匿于皮特凯恩岛，幸存叛变者的后代至今仍生活在那里。

← **1789 年 4 月 29 日，叛变者迫使布莱船长、部分军官和船员于海上漂流**
罗伯特·多德，出版于 1790 年
手工彩色版画

↓**面包树**
埃比尼泽·西布利，约 1798 年
摘自《物理学的钥匙》（*A Key to Physic and the Occult Sciences*）
邦蒂号运送的面包树，因其白色的果肉类似新式面包而得名

The Bread Fruit-Tree.

尺寸与重量

　　树木的果实有各种各样的形状和大小。波罗蜜是世界上最大、最重的树木果实，吊瓜树的果实排名第二。

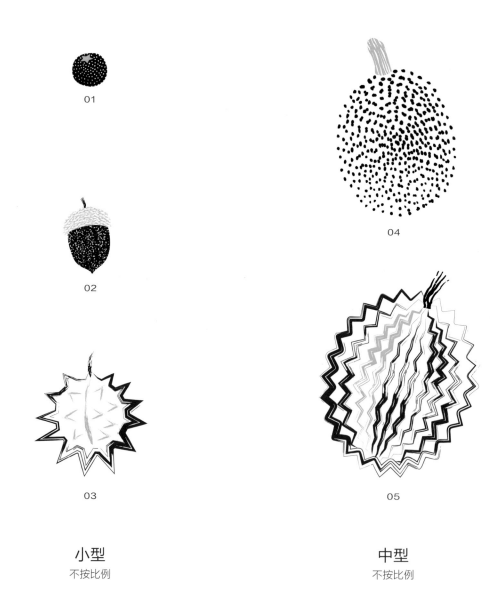

01

02

03

小型
不按比例

04

05

中型
不按比例

01-单柱山楂

尺寸：4 毫米

重量：0.1 克

02-夏栎

尺寸：2.7 厘米

重量：2.5 克

03-欧洲七叶树

尺寸：5 厘米

重量：13 克

04-面包树

尺寸：20 厘米

重量：4 千克

05-榴梿

尺寸：30 厘米

重量：4 千克

06-吊瓜树

尺寸：60 厘米

重量：22 千克

07-波罗蜜

尺寸：90 厘米

重量：55 千克

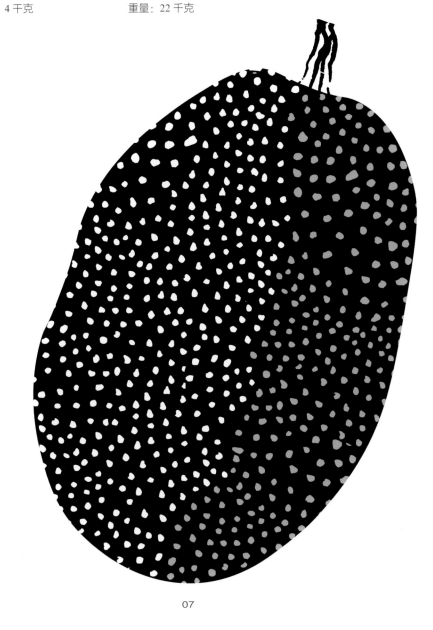

06

07

大型

不按比例

最受欢迎的水果（按产量）

巴达维亚的东印度市场摊位
阿尔贝特·埃克豪特，1640—1666 年
布面油画

　　树木的果实是商业贸易中最受欢迎的水果之一。香蕉位居榜首，苹果和橙子也位列前五。

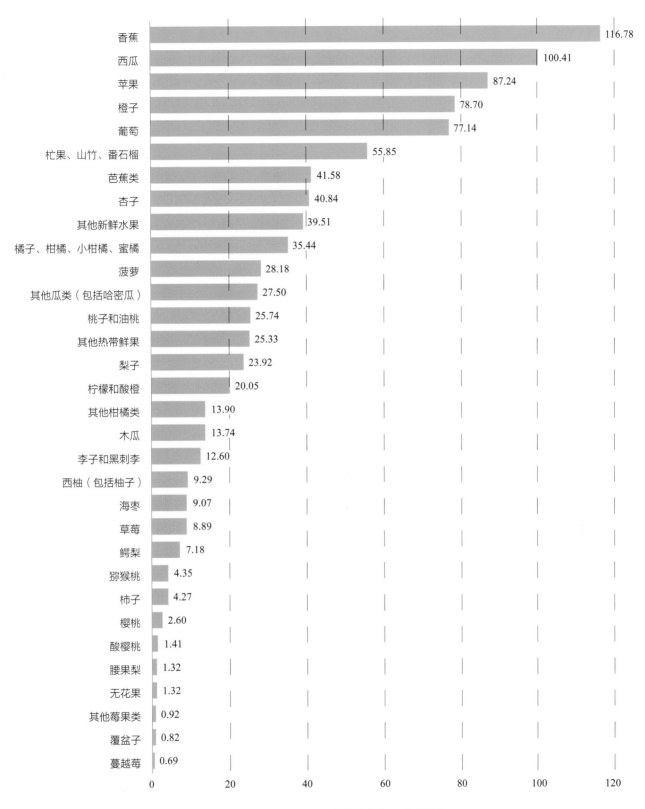

水果	产量
香蕉	116.78
西瓜	100.41
苹果	87.24
橙子	78.70
葡萄	77.14
杧果、山竹、番石榴	55.85
芭蕉类	41.58
杏子	40.84
其他新鲜水果	39.51
橘子、柑橘、小柑橘、蜜橘	35.44
菠萝	28.18
其他瓜类（包括哈密瓜）	27.50
桃子和油桃	25.74
其他热带鲜果	25.33
梨子	23.92
柠檬和酸橙	20.05
其他柑橘类	13.90
木瓜	13.74
李子和黑刺李	12.60
西柚（包括柚子）	9.29
海枣	9.07
草莓	8.89
鳄梨	7.18
狝猴桃	4.35
柿子	4.27
樱桃	2.60
酸樱桃	1.41
腰果梨	1.32
无花果	1.32
其他莓果类	0.92
覆盆子	0.82
蔓越莓	0.69

产量（单位：100 万吨）

苹果品种

虽然人类驯化的苹果变种或栽培品种已超过
7 500 个，但绝大多数都不适于规模化生产。

麦金托什红苹果
麦金托什红苹果有着红绿
相间的果皮，味道酸甜，
果肉细嫩洁白。

布瑞本苹果
布瑞本苹果口感酸甜，源
自新西兰。

蜜脆苹果
这种苹果的甜度、硬度和
酸度使其成为理想的生吃
苹果。

帝国苹果
帝国苹果于 1966 年被引
入市场，白色的果肉略带
酸味，味道浓郁，这种苹
果呈红宝石色。

蛇果
1872 年，蛇果源于一个
艾奥瓦州的果园，是一种
"甜度超群"的水果。

红富士
红富士是 20 世纪 30 年代
日本培育出的一种深红色
圆锥形苹果。它的果肉甜
美、清脆、致密，味道非
常温和。

嘎拉

黄绿色的果皮薄而富含鞣质，其上覆盖着红晕和橘红色的条纹。果肉呈发黄的白色，清脆且有颗粒感，味道温和。

黄香蕉

世界上最受欢迎的品种之一，呈均匀的浅青黄色，肉质坚实、脆嫩、多汁、微酸，气味芳香。

澳洲青苹

一种很受欢迎的品种，在英国广泛销售。柠檬绿色，极酸，适合做馅饼。

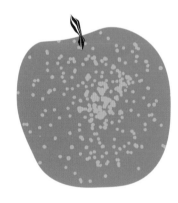

粉红佳人

这种酸酸甜甜的苹果甜度和酸度都很高，口感清脆，余味悠长。

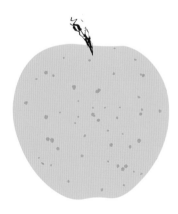

蛋白石苹果

果肉紧致，颗粒度细小至中等，果汁量中等，味道浓郁，甜中带有微酸。

皮纳塔苹果

20 世纪 70 年代，德国德累斯顿市皮尔尼茨的研究人员培育出了皮纳塔苹果，它是三个历史悠久的苹果品种（黄香蕉、桔苹和初笑）的杂交品种。

健康益处

　　众所周知，许多树木的果实有利于健康，它们是维生素、微量营养素和纤维的绝佳来源，还含有多种抗氧化剂，比如能增强免疫力的黄酮类化合物。

1 个柠檬含有：

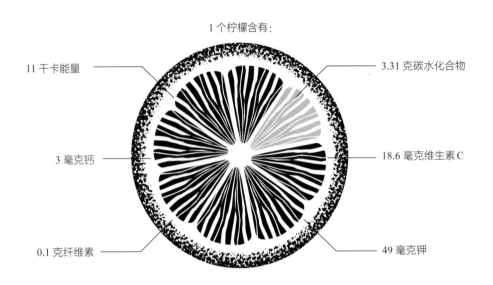

11 千卡能量

3.31 克碳水化合物

3 毫克钙

18.6 毫克维生素 C

0.1 克纤维素

49 毫克钾

1 个苹果含有：

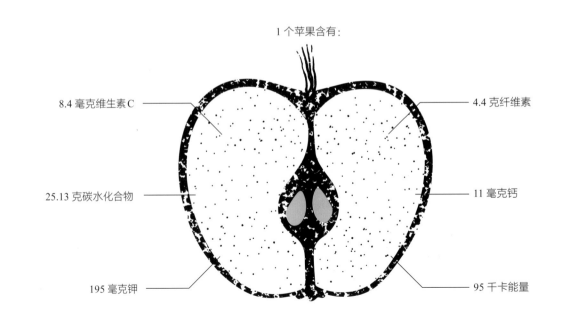

8.4 毫克维生素 C

4.4 克纤维素

25.13 克碳水化合物

11 毫克钙

195 毫克钾

95 千卡能量

1 个石榴含有：

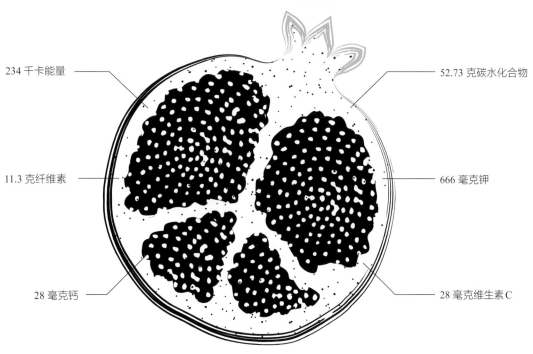

234 千卡能量

52.73 克碳水化合物

11.3 克纤维素

666 毫克钾

28 毫克钙

28 毫克维生素C

1 根香蕉含有：

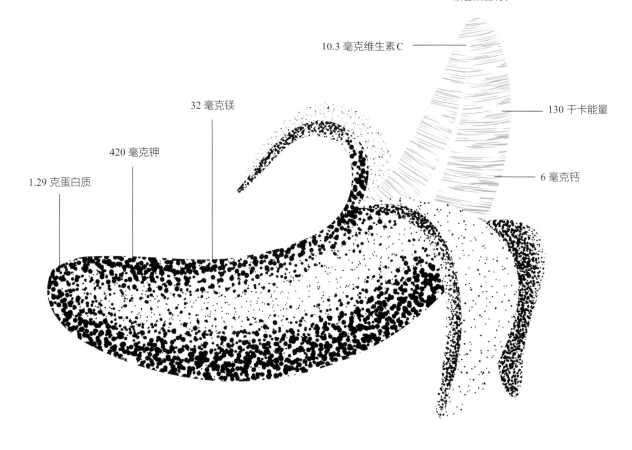

10.3 毫克维生素C

32 毫克镁

130 千卡能量

420 毫克钾

6 毫克钙

1.29 克蛋白质

基于果实的时尚

Orange Fiber是全球首个采用生产柑橘汁时的副产品制造可持续纤维的品牌。2014年，该创新工艺在世界各地的柑橘生产国取得了专利。

← **Orange Fiber面料**

菲拉格慕是首个使用Orange Fiber面料的时尚品牌。他们的胶囊系列为庆祝2017年世界地球日而设计，该系列采用了可持续的Orange Fiber材料，装饰有马里奥·特玛契设计的印花

↓菲拉格慕的胶囊系列把最先进的工艺成功融入永恒的意大利设计。左边的酸橙本身就是一种创新，严格来说它根本不是橙子，而是橘子和柚子的杂交品种

果汁与饮料

树木的果实不仅能供食用，还可以供饮用。2019—2020年间，人们生产了162万吨橙汁，足有10亿多升。大部分橙汁来自世界上最大的橙子生产国巴西。产量紧随其后的是苹果汁，主要生产国是中国。当然，苹果不仅可以用于鲜榨苹果汁，也是酒精饮料苹果酒的原料。法国是世界上最大的苹果酒生产国，而人均消费苹果酒最多的国家却是英国。有证据表明，早在公元前3000年，凯尔特人就使用欧洲野苹果酿造出苹果酒，罗马人来到英国后，则为英国海岸带来了果园技术和苹果新品种的发展。1066年，由黑斯廷斯战役引发了诺曼征服战争，之后更多的酸苹果品种进入英国，这些品种更适于酿造苹果酒，诺曼底和布列塔尼地区至今仍是酿酒苹果的多样性分布中心。尽管在欧洲，"cider"（法语为cidre）一词通常是指含有5%~12%酒精的苹果酒，但在美国和加拿大部分地区，"cider"是指不含酒精的苹果汁，相应的"含酒精的苹果汁"用"hard cider"一词表示。

同时，基于苹果制造的苹果白兰地是经过两次蒸馏的苹果酒，酒精含量约为40%。其他从树木果实中提取的"烈性酒"还有杜松子酒、巴林卡酒和白兰地等。这类饮品由水果泥制成，或者通过将水果与谷物制成的酒精混合在一起制成烈性利口酒。最常见的水果白兰地是由桃子、杏子、梨、李子和樱桃制成的。

20世纪初南非作家赫尔曼·查尔斯·博斯曼的一部作品是我最喜爱的短篇小说之一，在这篇小说中，他温和地讽刺了大马里科地区的荷兰裔南非白人。小说的主角是一位名叫沙尔克·洛伦斯叔叔的农民，在一个寒冷的冬夜，他与当地教会的牧师一同驾骡车前行，农民急于拿到放置在车后的桃子白兰地，但又知道牧师不会同意，便向其辩解称骡子已逐渐疲累，而他正好有个办法能让骡子打起精神，那便是向骡子的鼻孔吹酒气。牧师立刻振作起来，想要由他自己来执行这项"艰巨"的任务，还解释说管理所有上帝的造物是他的职责所在。

在本章结尾，让我们重返章节开始时提及的非洲大陆，"大象酒"是最近出现的一种利口酒，它来自一种相对不知名的水果。在非洲南部，人们用象李的果实蒸馏出了这种风味独特的酒。象李是杧果的亲戚，但它的果实要小得多，体积接近李子，薄而甜的果肉包裹着一枚果核。象李是大象和其他野生动物的最爱，大象会大量食用象李。倘若在地上放置一两周，象李果实就会自然发酵，无须任何人工干预。1974年，在杰米·尤伊斯拍摄的纪录片《可爱的动物》中，大象、野猪和狒狒都被记录在案，它们因过度沉迷于象李不能自拔而醉醺醺的。

> 2019—2020年间，人们生产了162万吨橙汁，足有10亿多升。

孟买的马扎岗杧果与紫眼斑纹凤蝶

W. 胡克临摹 J. 福布斯的作品，1768 年（约出版于 1813 年）

设色凹版蚀刻版画。绘制的是杧果的花果与一只紫眼斑纹凤蝶

The MAZAGON MANGO of Bombay,
with the PAPILIO BOLINA Purple-eyed Butterfly

Jam. Forbes, 1768

水果酿酒

也许，人类利用水果酿酒的历史与人类的存在同样久远，我们很容易理解酒精是如何生产出来的。发酵是酵母菌将糖分转化为酒精的自然过程。

01

02

01 - 瑞士艾肯的樱桃酒厂

黑白照片，1949 年

人们首先压榨水果，将果汁与果肉、种子分离

02 - 过程

在同一家瑞士酒厂，人们正在对樱桃进行冷压处理，随后会对果汁进行巴氏杀菌和过滤

03 - 苦橙酒

这是为荷兰苦橙利口酒设计的酿造标签，"Het Leeuwke"意为"狮子"

04 - 樱桃白兰地

在伏特加等中性酒中浸泡樱桃也可制成樱桃白兰地

05 - 樱桃利口酒

因为樱桃利口酒中添加了糖，所以它比樱桃白兰地更甜。白兰地更为常见，因此樱桃利口酒也常被称为樱桃白兰地，令人费解

03

04

05

建筑

　　建筑师可能深受水果形状的启发，而公众又会演绎出更多的解读。新加坡滨海艺术中心由两座建筑组成，分别是一座音乐厅和一座剧院。当地人称它为"大榴梿"，虽然这并不是建筑师的初衷。更早些时候，人们还将它比作更不好听的"两只交配的土豚"。

←新加坡滨海艺术中心
DP建筑师事务所和迈克尔·威尔福德及合伙人建筑事务所，2002年
7 000多块三角形的铝制遮阳板覆盖在两个圆形的玻璃外壳结构上，看起来有点儿像切成两半的榴梿果实上的尖刺

↓榴梿
在新加坡，榴梿由于气味难闻而被禁止带上公共交通工具

艺术

千百年来，人们一直在插图和艺术作品中刻画水果，这往往充满了象征意义。成熟的果实总是代表着生命、活力和生育能力，而果实最终的腐烂则意味着人生苦短与死亡。与此同时，埃及墓葬中绘有水果和其他食物，这是由于墓葬的主人认为这些物品能在来世变为现实。

01

01-《爪哇的果树和草本植物》

佚名，1646 年

蚀刻版画

02-《杧果》

卜弥格

1656 年发表于《中国植物志》

一书中的插图

03-山竹

水果系列（N12），1891 年

一张用于推销艾伦＆金特牌香

烟的贸易卡，一套卡片 50 张，

此为其中一张

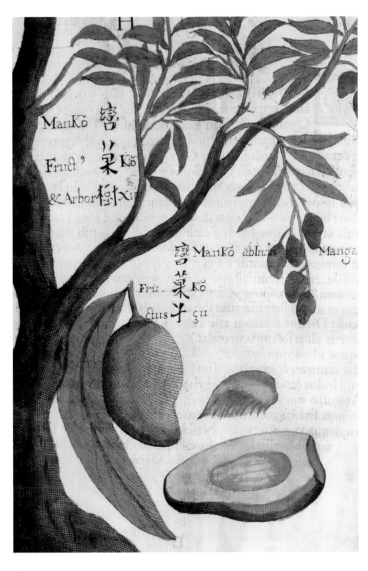

02

03

共生

◯ 共生

简介

　　"共生"是已走进日常生活的科学术语之一，指的是两种不同生物之间的相互作用——对一方或双方都有利的关系。随着时间推移，树木与大量不同的植物、真菌和包括人类在内的动物建立起了共生关系。了解了依赖树木而生的庞杂物种网络，就会明白树木对我们的生态系统和地球来说何等重要。

02

共生（symbiosis）一词来源于希腊语"*symbiōsis*"，意为"共同生活"。尽管我们可能会对其互相依存的概念稍加强调，但这就是今天我们对共生的一般理解。然而，科学家喜欢把问题复杂化，根据受益者和非受益者，定义出各种类型的共生关系：互利共生描述的是各方都从该关系中受益的情况；偏利共生指的是只有一方受益，而对另一方无害的合作；寄生则是一方受益，另一方受害的情况。树木参与了包括这三类共生关系在内的各种复杂关联，这与现代家庭有些类似。

如第 3 章所述，许多菌根真菌与其宿主树木之间是互利共生关系。菌根共生需要真菌定居于树木的根系，真菌和树木的根系在土壤下相连，在这种交换中，树木受益于真菌吸收的水分和磷酸盐等树木较难获取的营养物，而真菌则通过树木获得了糖分和其他营养。树木最常见的菌根共生体是外生菌根真菌，之所以称之为外生菌根，是因为真菌的线状菌丝在树木根部的周围形成了一个外部鞘套，经由根部表面交换水分和营养物。大多数为人们所熟悉的伞菌都是树木的外生菌根共生体。

例如，红白相间的著名毒蘑菇毒蝇伞，与橡树、冷杉、松树、云杉、雪松和白桦等许多树木形成共生关系。毒蝇伞因具有致幻性而恶名昭彰，其实牛肝菌和鸡

> 红白相间的著名毒蘑菇毒蝇伞，与橡树、冷杉、松树、云杉、雪松和白桦等许多树木形成共生关系。

油菌等许多可食用的蘑菇也是外生菌根共生体。非洲中南部旱生疏林中的食用菌构成了当地饮食的重要组成部分，其中一些蘑菇大得惊人。恰如其名，巨大蚁巢伞（*Termitomyces titanicus*）是世界上最大的食用菌，它的直径可以达到 1 米。在巨大蚁巢伞的例子中，共生实际上发生在伞菌和白蚁之间：白蚁在其精心设计的巢穴中，为伞菌的生长创造了理想温度；作为回报，真菌分解了白蚁无法消化的木材。

豆科植物中某些种类的树木与能固氮的根瘤菌之间的关系，是另一种微生物与树木的互利共生。这些细菌驻扎在树木的根瘤内部，因此被称为内共生体。树木得到了生长必需的含氮化合物，作为树木对根瘤菌款待的回馈。

由于许多不同的物种都以树为生，而且不会对树木造成任何伤害，因此偏利共生比互利共生更为常见。树木为大量的其他植物提供了基质（生物体生长的基础），在热带地区尤为突出。生活在其他植物上的植物被称为附生植物。有些附生植物是寄生者，但凤梨、兰花和蕨类等附生植物只是把树木作为供栖息的坚实表面。像老人须（俗名松萝凤梨，*Tillandsia usneoides*）这样的气生植物不需要气生根或土壤，它们从降雨和空气中获得生存所需的全部水分和矿物质。

地衣、苔藓和地钱也可能是附生植物，尤其是地衣，它几乎与所有树木都有关联。有一种松萝属的地衣，因为它在树枝上悬垂的方式看起来与（上文提及的）凤梨科植物老人须非常相似，所以有时人们也称它"老人须"或"胡须地衣"。在北美红杉等一些树木形成的森林中，生长有数百种不同的附生植物，包括维管植物、生根的乔木和灌木，它们位于距离森林地表100米的高处，生长在北美红杉枝杈缝隙里积累的有机物质中。一棵红杉就能够形成它自己的生态系统。

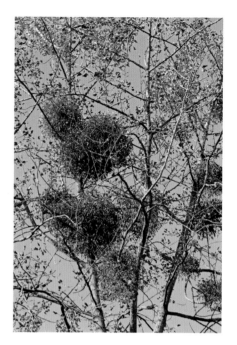

02

一些附着树木而生的著名植物是寄生性的，我们在圣诞节悬挂的白果槲寄生（*Viscum album*）是一种兼性寄生植物，这表示它可以通过光合作用来自己制造一部分口粮，但它们主要还是借助伸入宿主内部的、被称为"吸器"的根状突起，来吸收水分和营养物。桑寄生科是最大的寄生植物家族，该科植物主要分布在南半球。与槲寄生属植物不同的是，桑寄生科植物会开出鲜艳美丽的长管状花朵。鸟类食用它们的果实并帮忙传播种子，将有黏性的种子排泄在树枝上，桑寄生科植物就可以在那里萌发。许多年前，当我还是一名在赞比亚穆钦加山脉工作的年轻植物学家时，有人指给我看树冠上的桑寄生属植物的花朵，并告诉我它的名字叫"Mpumbamakoa"，即"格格不入的东西"。我的导游是一位年长的赞比亚草药专家，笑着解释说这个词有时也被用来形容在森林里游荡的英国人。

03

02–白果槲寄生

全世界大约有 900 种槲寄生。白果槲寄生的宿主树种非常多，包括山楂、杨树和椴树等

03–榕树

查尔斯·多伊利，1848 年

设色石版画，选自《加尔各答及其周边地区的风景》图版 6。孟加拉榕是一种依附性的绞杀榕，能把宿主杀死

04–露兜树上的壁虎

日行守宫与露兜树属植物存在互利共生关系，它们为露兜树的花朵传粉以换取庇护

04

槲寄生虽然是寄生植物，但通常不会对树木造成很大的伤害，只有当树木出于其他原因出现树势衰弱时，槲寄生才会侵袭，致使树木死亡。而另一些附生植物对宿主来说更加致命，其中最著名的就是绞杀榕。绞杀榕的种子同样是由鸟类传播的，它们在枝丫处的有机碎屑中发芽，长出伸往森林地表的气生根。从此，它们便开始稳扎稳打地生长，剥夺宿主的光线，并阻碍其吸收水分和土壤中的营养物，最终会击败宿主树木，将其绞杀。孟加拉榕是一种绞杀榕，它是印度的国树。它的"banyan"（榕树）这个名字来自那些在高大树木的树荫下休息的班尼亚（Baniya）商人。

风险关系

如上所述，互利共生关系对双方都有利，但如果其中一方陷入困境，后果就可能不堪设想。例如，露兜树是马达加斯加湿润和半湿润森林的一个重要组成部分，但在过去的 20 年中，由于人为砍伐和火灾破坏，该国失去了超过 4 万平方千米的原始森林，露兜树也因此面临日趋严峻的威胁。露兜树叶片形成的"植物积水窝"中收集的水分，为各种各样的动物提供了栖身之所。在一项著名的研究中，人们在这些露兜树上发现了 20 个物种（9 种青蛙、6 种壁虎、4 种蛇和 1 种石龙子），其中至少有 5 种是露兜树的专性栖居者，即它们只发现于露兜树丛中。其他研究表明，在马达加斯加至少还有 21 个物种普遍地或专门栖身于露兜树，这就意味着如果露兜树灭绝，那么许多其他物种也会随之消失。

这些专性的互利共生关系并不局限于热带地区。由于人们引入了一种能够引起白蜡树枯梢病的病原真菌，导致最近欧梣的数量急剧下降，这也对欧梣的共生体产生了重大影响，虎暗斑螟（*Euzophera pinguis*）、稀有的豹纹堇蛱蝶（*Euphydryas maturna*）、凸颈吉丁（*Agrilus convexicollis*）、平藓（*Neckera pennata*）这种附生苔藓，以及真菌［如明亮污核衣（*Pyrenula nitidella*）和白蜡多年卧孔菌（*Perenniporia fraxinea*）］等宿主专一性生物的种群数量都有可能大幅下降。显然，这些生物也会成为许多其他动植物生命周期中不可或缺的组成部分，因此这会带来广泛的影响，科学家称之为"生态级联效应"。树木为许多其他生物提供了栖息地和食物来源，因此它们被称为"关键种"——如果树木消失，那么"整栋建筑"可能都将垮塌。

树木灭绝，何以攸关？

第 9 章将会就人类对树木的依赖性进行更全面的探讨，然而，就树木和植物如何支撑起地球的生命系统这一问题，我们的知识仍不足以给出全部答案。2021 年《世界树木状况报告》发出警告：超过 17 500 种树木（约占所有树种的 30%）正面临着灭绝的威胁。该报告还指出：有 142 个树种已经灭绝，另有 440 种树濒临灭绝——野外现存的个体不足 50 株。

濒临灭绝的物种包括毛里求斯的苦心酒瓶椰（*Hyophorbe amaricaulis*），它被称为世界上最孤独的树。居尔皮普植物园里这棵茕茕孑立的苦心酒瓶椰已有 150 岁了，据我们所知，它是该树种仅存的一株。这棵树已经生病了，它的生命可能即将终结，迄今为止所有试图繁殖它的努力均以失败告终。世界自然保护联盟红色名录中列入的另一个案例是贝氏顶叶菊（*Robinsonia berteroi*），它是鲁滨逊·克鲁索岛（智利海岸外胡安·费尔南德斯群岛的一部分）的特有种，目前已知的存活个体仅有一株，位于埃尔云克山山顶。据记载，该物种曾经数量丰富，人们认为，1908—1982 年为了发展农业和经济而进行的砍伐活动导致了其数量的锐减。2015 年，在埃尔云克山的单株被发现之前，人们认为最后一棵贝氏顶叶菊已于 2004 年死亡。建议对这一树种的栽培品种进行保护。

05–马铃薯田
为了开展农业生产，人们清除自然植被，改变了景观面貌；对本土植物和生境来说，自然植被清除是最大的单一性威胁

05

哥斯达黎加特有的大乔木——哥斯达黎加多瓣樟（*Pleodendron costaricense*）是另一个濒临灭绝的物种，该种只有两三棵成年树。尽管这些树仍在开花结果，但几乎没有明显的再生，其中两棵树还扎根于修筑水坝和伐木作业的道路沿线。由于种群规模极小，该物种被列为极度濒危。与此同时，贝氏木槿（*Hibiscus bennettii*）仅在斐济瓦努阿岛的一个地点存在一个非常小的种群，2016年飓风"温斯顿"过后，该种群可能只剩下两株。这个物种与许多其他物种一样，越来越频繁地遭受到恶劣天气所带来的威胁，包括可能会摧毁其生境和现存成熟个体的气旋。最后一个例子是巴布亚新几内亚莫罗贝省拉萨纳格岛特有的物种柔花巴豆（*Croton leptanthus*），岛上仅存一株，由于家庭花园的扩大和人类对森林的开发，该物种正面临危险。

显然，人类活动是导致树木灭绝最重要的驱动力，为发展农业、林业和人类居住而进行的土地清理是最主要的活动，风暴、洪水、火灾和新出现的病虫害这些气候变化所带来的直接和间接影响也正愈演愈烈。人类的过度开发是致使树木减少的主要原因，《世界树木状况报告》指出：每五个受到灭绝威胁的物种中，就有一个对人类来说具有直接的食用、医药、建筑等方面的价值。

尽管全球的植物园和树木园中种植着大约 1.8 万种树木，但人们为了获取木材、药物、纤维和水果而广泛栽培的树仅约有 500 种。为此，我们当然有理由追问，所有这些其他的树种为何都很重要？首先，大量的树种直接源自野外，而不涉及栽培（或补充），对依靠这些树木来获取食物、药物和住所的全球众多赤贫人口来说，它们当然是至关重要的。其次，上文提到的生态级联效应的风险不容小觑，作为关键种，树木与其他生物的关系是如此复杂又深远，以至于我们根本无法判断失去一个物种会产生怎样的连锁反应。这也许对我们的生活并无显著影响，但也可能像倒下的多米诺骨牌一样会带来灾难性的后果。

我们是大自然的一部分，与之共生，而不是以某种方式凌驾于自然之上，这一认知在传统文化中相当成熟。虽然很难明确指出与之相反的看法（人类对自然的统治）起源于何处，但这一看法也可追溯至很久以前。《创世记》第 1 章第 28 句中提到："神赐福给他们，又对他们说：'要生养众多，遍满地面，治理这地；也要管理海里的鱼、空中的鸟，和地上各样行动的活物。'"

很久之后，将人类视作"自然的主人和拥有者"（笛卡儿）的观念在启蒙运动期间得到了普遍认可，并因工业进程化、医学的进步和其他新技术而更加深入人心。实际上，于 1992 年签署的联合国《生物多样性公约》将各国对生物多样性的主权写入了国际法。在此之前，"自然是共同利益的存在"是人们普遍接受的观点，而新的框架却规定了自然实际上由各国所"拥有"，其理由是：如果国家拥有其生物多样性并能够利用其经济价值，那么各国更有可能对生物多样性进行照管。然而，在实践中，这样的事情并没有发生，此后还出现了各种法律问题；大自然并不理会人们在地图上划定的政治界限。谁拥有跨国资源是一回事，而我们都从各国的生物多样性之中获益则是另一回事。如果一个国家决定拒绝获取或要求赔偿其生物多样性，即在 1992 年之前被视为共同利益的东西，这就有可能严重扰乱粮食供应系统，导致药品获取中断等问题的出现。为了避免出现这些问题，各种其他的条约取代了《生物多样性公约》，比如相当难于操作的《粮食和农业植物遗传资源国际条约》（ITPGRFA），该条约使各国能够交换世界主要作物的植物材料，而无须向原产国支付费用。

如今，许多人都想知道，《生物多样性公约》是否在将生物多样性所有权编入法典方面犯了重大错误。尽管我们并不总能意识到各种关系都在发挥着何种作用，何处才是关键之所在，但归根结底，我们都是大自然的共生体。任何物种的灭绝都将产生深远的影响，当我们自身就是导致其灭绝的原因时，情况尤甚。

树木共生

　　树木共生包括互利共生（各方都受益）、偏利共生（一方受益，但对另一方没有意义）和寄生（其中一方受益，而另一方受害）。

毒蝇伞——它与其树木宿主之间存在互利共生关系，与树木交换水分、矿物质和糖分。

地衣——它与宿主之间存在偏利共生关系，地衣将树木作为基质，但不会对其造成损害。

根深叶茂

凤梨科植物——将树木作为基质的附生植物，与树木之间存在偏利共生关系，它们不会伤害宿主。

苔藓——将树木作为基质，通常生长在树木阴暗潮湿的一侧，以最大程度地获取水分。

槲寄生——通过光合作用制造自身食物的兼性寄生植物，但它们也从宿主树木中获取营养物。

兰花——附生的兰花生长在树干或枝杈上，它们对树木不会造成任何伤害。

马达加斯加的露兜树

　　马达加斯加湿润和半湿润森林是近 90 种露兜树属植物的家园。这些树木叶片形成的植物积水窝中收集到的水分，又为爬行动物和两栖动物提供了栖身之所。

→ 提供栖息地
在一项著名的研究中，人们在一棵露兜树的植物积水窝里发现的爬行动物和两栖动物共有20 种（9 种青蛙、6 种壁虎、4 种蛇和 1 种石龙子）

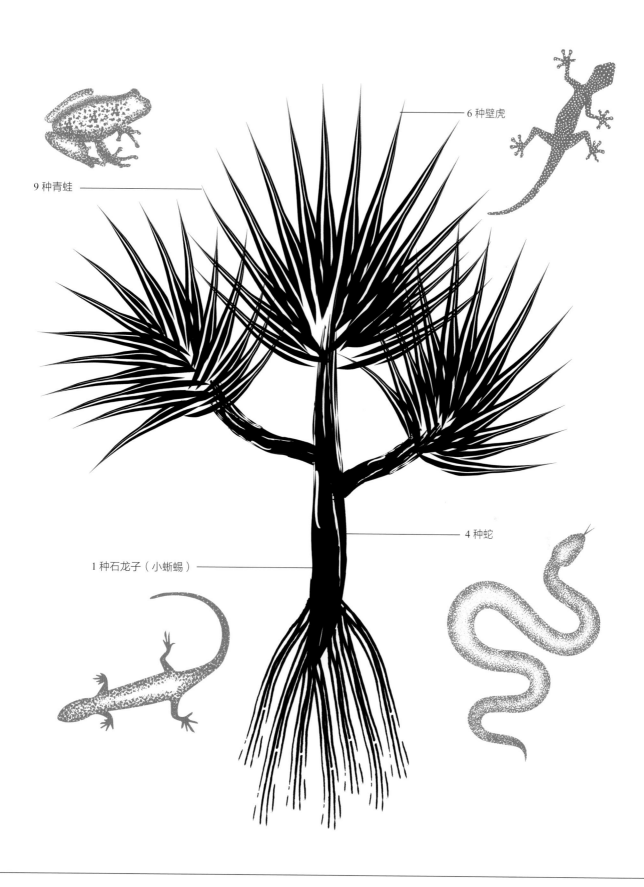

9 种青蛙

6 种壁虎

4 种蛇

1 种石龙子（小蜥蜴）

物种网络

　　物种在生态系统中是如何相互联系的？如今，有力的科学证据表明，物种不仅通过彼此间的相互依赖取得联系，还通过菌根真菌等物理联系实现化学交流。

榭寄生

苔藓

毒蝇伞

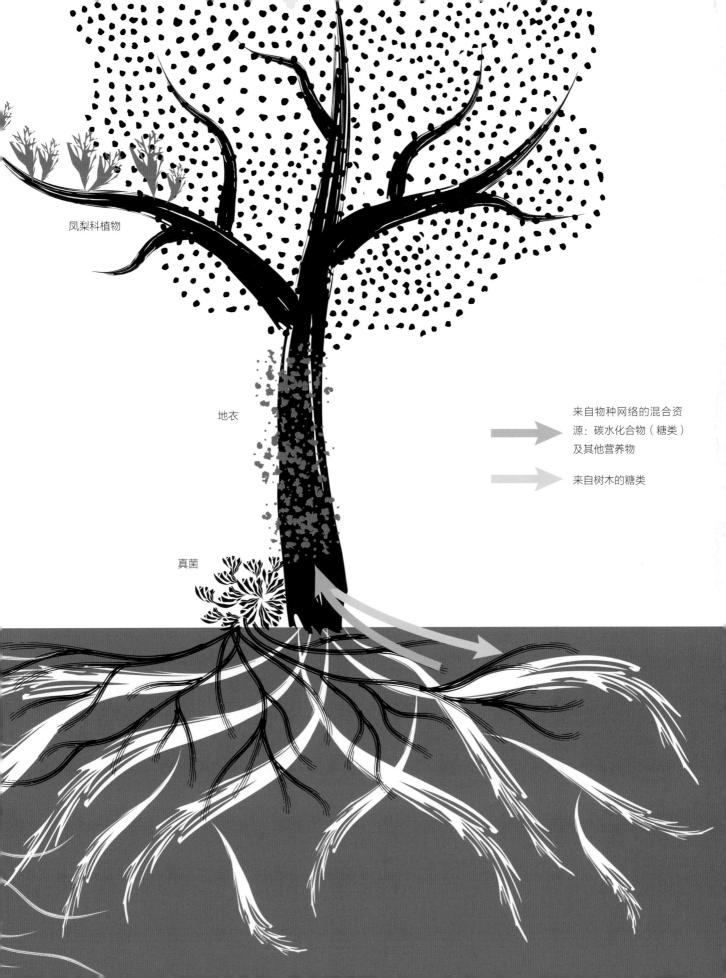

凤梨科植物

地衣

真菌

来自物种网络的混合资
源：碳水化合物（糖类）
及其他营养物

来自树木的糖类

蕨类植物

蕨类植物是不开花的维管束植物，它们通过孢子而不是种子进行繁殖。大约有 10 500 种不同的蕨类植物，它们的谱系比开花植物古老得多，早期形式出现在近 4 亿年前的泥盆纪中期。许多蕨类植物都是附生植物，栖身于树木之上。

01

02

01-蕨类植物

Polypodiophyta

蕨类植物需要借助水进行有性繁殖。因此，附生的蕨类植物生长于树木上的潮湿之处，比如树干的阴湿面

02-巢蕨

Asplenium nidus

虽然巢蕨作为附生植物生长在热带森林中，但它也是一种深受欢迎的室内观赏植物

03-《蕨类天堂：蕨类植物文化的诉求》

弗朗西斯·乔治·希思，1878 年

在维多利亚时代，蕨类植物开始流行起来

04-《蕨类植物》

约 1880 年

蛋白照片。蕨类植物是最早的摄影题材之一，最早可追溯到 19 世纪 50 年代

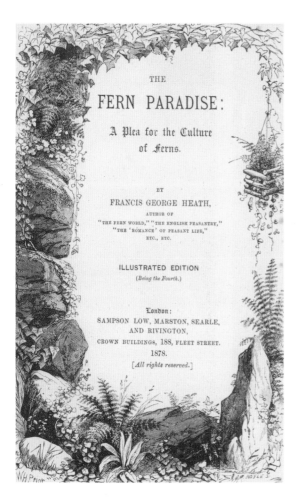

03

04

地衣和苔藓

  树木是地衣和苔藓等许多其他生物的宿主，这意味着单一树种的灭绝会产生一种被称为"灭绝级联"的连锁效应。例如，人们已经证实欧梣是近 500 个其他物种的宿主，包括 87 种地衣和 71 种苔藓。

← 地衣
真菌与蓝细菌或藻类之间的
互利共生关系造就了地衣,
这种关系是专一性的,这表
示这种关系对双方来说都至
关重要。地衣与树木的关系
也可能是专一性的

↓ 苔藓
苔藓是不开花的非维管植物,
属于苔藓植物门。已知的苔藓
大约有 1.2 万种,其中有许多
只生活在树上

受威胁的树种

　　世界上约有 1.75 万个受威胁的树种（约占所有树种的 30%），超过 2 000 种处于极度濒危状态，已知约有 440 个树种的野生种群数量少于 50 株。这里列出的所有树木都不幸地处于极危状态。

01

01-苦心酒瓶椰

毛里求斯特有的苦心酒瓶椰现已野外灭绝，最后仅存的一株在它的祖国，位于居尔皮普植物园中——被称为世界上最孤独的树，已有 150 岁的高龄

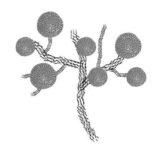

04-贝氏木槿

仅存在于斐济瓦努阿岛的一个地点，该地区于 2016 年遭受飓风"温斯顿"的袭击，之后人们认为该物种只剩余两株

02-贝氏顶叶菊

位于智利海岸外的一个小岛上，正如它的家乡鲁滨逊·克鲁索岛一样，它也得名于据说在附近遭遇海难的同名虚构人物。贝氏顶叶菊很可能只剩下一株了

05-柔花巴豆

该物种是巴布亚新几内亚的拉萨纳格岛的特有种，只有一株孤零零地存活于世

03-哥斯达黎加多瓣樟

尽管这种哥斯达黎加特有的植物有两三棵成年树存活于世，但由于几乎没有再生的迹象，它们可能是这个物种最后的个体

树种灭绝的原因

截至目前，出于农业、畜牧业、城市发展以及伐木的需要而开垦土地是导致树种灭绝最主要的原因。具有讽刺意味的是，为获取木材和纸浆而进行的植树活动也会造成树种灭绝。

为了农业生产而进行的森林开垦
造成树种损失的最大原因是开垦农业用地，近30%的树种灭绝都属于这种情况。一些树木受到的威胁不止一种

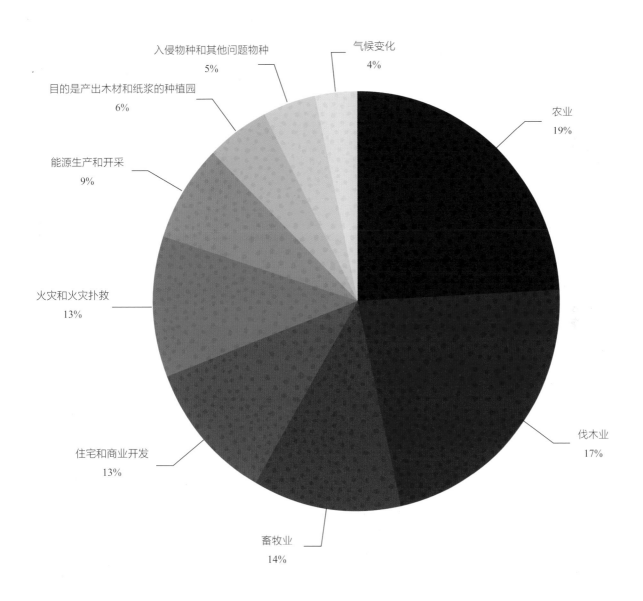

入侵物种和其他问题物种
5%

气候变化
4%

目的是产出木材和纸浆的种植园
6%

能源生产和开采
9%

火灾和火灾扑救
13%

住宅和商业开发
13%

农业
19%

伐木业
17%

畜牧业
14%

灭绝的树种

近 30% 的树种面临灭绝的威胁，目前已知有约 140 种树木已灭绝。这个数字无疑是被低估的，因为许多"数据缺乏"的树木已经几十年未曾被人们见到了。

森林火灾

人们认为 13% 的树种灭绝都源于火灾，但如果把为开展农业生产而蓄意放火开垦森林的情况考虑在内，那么这一比例可能会高得多

灭绝
142 种 (0.2%)

受威胁
17 510 种 (29.9%)

可能受威胁
4 099 种 (7.0%)

未受威胁
24 255 种 (41.5%)

数据缺乏
7 700 种 (13.2%)

未评估
4 791 种 (8.2%)

儿童文学中的树木

尽管我们依赖树木，但我们与树木的关系模糊不清。在儿童文学中，树木既被描绘成避难所，也被刻画成更具威胁性的东西。在《柳林风声》中，作者经常把獾先生温暖舒适的住所描写成位于树根之中，甚至位于中空的树干里，温暖的炉火跳动燃烧，獾先生惬意地坐在扶手椅上抽着烟斗。《小熊维尼》的故事中也有类似的情景，猫头鹰、小猪和袋鼠妈妈生活在中空的树上，那里有一罐罐蜂蜜和其他令人感到舒适的物品。然而，

> 在儿童文学中，树木既被描绘成避难所，也被刻画成更具威胁性的东西。

尽管"百亩森林"是小熊维尼和朋友们的家，但那里也潜伏着相当可怕的长鼻怪。无独有偶，20世纪澳大利亚的孩童在桉果宝宝、小胖壶和小面饼的陪伴下长大，但阴险的班克木大坏蛋从未离他们太远。同时，在托尔金的《指环王》中，法贡森林里生活着树胡这个树人，树胡被描述成中土大陆最古老的生物。树人是有生命的树，尽管他们最终与皮平和梅里成为朋友，并加入了对抗萨鲁曼邪恶势力的战斗，但这些古老的生物带给人的感觉更多的是原始而非善良。

对今天的孩子们来说，在 J. K. 罗琳的《哈利·波特》中，打人柳仍然是更为捉摸不定的角色。真正熟读《哈利·波特》的人会知道，打人柳是为了保护深受喜爱的雷穆斯·卢平这个霍格华兹的狼人而栽植的，这也许就能解释为什么没有人砍倒学校中这棵明显具有杀人倾向的树。在《哈利·波特》中，禁林是许多中了魔法的（有时是危险的）生物生活的地方，是海格隐藏他同母异父的巨人弟弟格拉普的地方，是哈利遇到受伤独角兽的地方，也是半人马费伦泽拯救哈利的地方。禁林中

最具威胁性的居住者也许是阿拉戈克和他的巨型蜘蛛家族，保证会让蜘蛛恐惧症患者害怕得发抖。

《哈利·波特》的故事从欧洲古老的民间传说中汲取了灵感，禁林与古老神话故事中描述的森林非常相似，那里潜伏着魔法、野兽和古老之物。然而，近几十年来，出现了一种关于树木的新叙述，也许苏斯博士的《绒毛树》（也译作《老雷斯的故事》）就是最好的例证。《绒毛树》出版于1971年，当时人们对环境问题以及人类对自然的影响有了越来越多的认识。在书中文斯勒用绒毛树来制作名为"万能毛线衫"的服装，老雷斯作为这些树木的捍卫者，对破坏环境的行为发起反抗。文斯勒不仅砍伐绒毛树来生产"万能毛线衫"，他的工厂还污染了空气和水，影响到天鹅、鱼和小熊宝宝的生存（小熊宝宝以绒毛树的果实为食，因而无法果腹）。最终，文斯勒砍倒了最后一棵绒毛树，由于没有更多的原材料来生产"万能毛线衫"，他的工厂不得不关闭，老雷斯则穿过烟雾缭绕的云层飞走了。最后，文斯勒意识到自己的错误，并将剩余的绒毛树种子交给了一个男孩，并告诉他要用这些种子来种植一片森林。

今天，如果你走进一家儿童书店，你会看到诸如《爱心树》《和平树》《树真好》《轻敲魔法树》《永远的树》《我们种了一棵树》此类书。看来，儿童故事正变得更好，读着这些故事长大的孩子，可能会比过去几代人更好地爱护树木。

01-《汉塞尔与格蕾特》

Liebig复古贸易卡片，1896年
《汉塞尔与格蕾特》是格林兄弟于1812年创作的一个童话故事，故事讲述了食人女巫用糖果引诱两个孩子进入森林的故事

02-《格林童话》德语版封面，出版于柏林，1865年

1812年，《格林童话》以《儿童和家庭故事》为名首次出版，包含《莴苣姑娘》《白雪公主》《汉塞尔与格蕾特》等故事。在这些故事中，森林通常是一个充满禁忌的危险地方

03-《绒毛树》，苏斯博士著，1971年

《绒毛树》出版于20世纪70年代初，是最早传递关于树木的正面环境信息、表现砍伐树木行为为不义之举的儿童读物之一

01

02

03

设计

设计师杰拉尔多·奥西奥将垂柳上活的枝条编织在一起，构成了一个"活的座椅"。这一作品悬吊于荷兰艾恩德霍芬的多默尔河上，对于设计该如何以一种兼具责任与创意的方式与自然相融合进行探索。

垂柳藤椅
杰拉尔多·奥西奥，2020 年
由柳树枝条编织而成的垂柳藤椅隐匿在垂柳间，提供给人们一个可以沉浸于风景中的坐处

"垂柳藤椅可以让活的树枝源源不断地长出新叶和更多的组织，从而具有足够的力量来支撑起一个人。"

——杰拉尔多·奥西奥

树木与我们

🌀 树木与我们

简介

　　人类历史上许多关键性的进展都离不开我们对树木的依赖。树木坚固耐用，几十万年来，它们提供的木材一直为我们遮风避雨；如今，从医药、食品到海岸防御和碳汇，树木还在不遗余力地为人类提供一切。

01

长期以来，我们一直使用木材来建造家园，从新石器时代的原始长屋，到精雕细琢的宫殿结构，比如中国北京有600年历史的故宫博物院建筑。木船和轮式运输的发展也使得资源和思想的交流成为可能，促进了世界上第一批文明的繁荣。木材与文字的传播同样密不可分：公元8世纪前后，中国用木刻版印刷出世界上最古老的书籍；几百年后的1448年，人们制造了木制印刷机，首次在欧洲实现了书籍的大规模生产。印刷术使得信息能够以速度更快、成本更低的方式进行传播。不同品种木材的独特属性，使得某些树种因特定的用途而备受追捧。例如，榆树的木材在长期潮湿的环境中不易腐烂，因此在中世纪的英国，它是制作水管的热门材料。北美圆柏的情况与之类似，这种芳香的木材因能阻止破坏织物的恼人衣蛾而被用于制作衣柜衬板。

除了提供木材，树木还是一种极其宝贵的营养来源，为我们提供了水果、坚果、种子、树叶、树皮和树液。在青黄不接的时期和遭遇干旱等极端天气时，其他的食物来源可能难以获得，而树木对维持农村居民的生计来说极其重要。国际市场上流行的来自森林的水果有鳄梨、荔枝和石榴等。此外，几千年来从树木中提取的药物对人类的福祉意义非凡，创作于1015年前后的《医典》强调了它们的重要性。在伊斯兰世界和中世纪的欧洲，《医典》是几百年来医学的权威性文本，汇编了520种药用植物的用途，包括能够让人心情放松的"zarnab"，也就是欧洲红豆杉。在世界各地的许多社区，尤其是不便获得现代药品的地方，人们仍依赖树木作为传统的药物来源，它们也是开发国际市场处方药的重要化合物来源。

树木的其他用途更为间接，而它们的真正价值往往会被低估。例如，通过凝聚土壤，树木在减少土壤侵蚀方面功勋卓著。为了防治沙漠化并遏制撒哈拉沙漠的扩大，人们目前正在马里种植阿拉伯胶树和红铁金合欢，它们在减缓地表径流、减少下游洪水和提高当地水资源利用率方面也功不可没。在城市地区种植的树木还可以吸收空气污染物，改善城市空气质量。世界卫生组织估计，全球90%的地区空气质量不佳或处于危险级别。在空气污染严重的交通路口等关键区域种植合适的树种（例如，过敏性花粉含量较低的树种），可能会在很大程度上增进人类的身心健康。最后，树木对于保持生物多样性极为重要，通过提供食物和栖息地，成为许多生物物种的家园。据估计，仅夏栎一种树就维持了至少2 300种生物的生存。

榆树的木材在长期潮湿的环境中不易腐烂，因此在中世纪的英国，它是制作水管的热门材料。

木制品

树木为我们提供的产品众多，构成了我们日常生活中不可或缺的部分。木材为经济贡献了最为直接的巨大效益：2019 年全球木材产品的出口总值约为 2 440 亿美元。不同树种的木材在颜色、密度、强度和气味等特性上千差万别。因此，人们会根据木材最终用途的不同，有目的地挑选特定树种来制作建筑、家具、手工艺品和乐器。

人们制作木制家具的历史已不少于 3 万年。新石器时代的出土塑像，刻画了坐在宝座上的人像。古埃及人则设计出了复杂精巧的家具。家具制造业中备受重视的树种，如黄檀属和柿属植物，长期以来遭到大量砍伐，导致这些木材的国际贸易受到管制。红木在中国大受追捧，用于制作传统的红木家具，这一需求使其成为价值最高、数量最大、买卖最多的野生生物产品之一。

> 乌木黄檀的心材呈墨黑色，因此在西方被称为"东非黑木"，它是世界上最昂贵的木材之一。

乌木黄檀是一种树干凹凸不平、枝叶繁茂的树木，它生长得极其缓慢，树龄长达百年才可采伐。乌木黄檀的心材呈墨黑色，因此在西方被称为"东非黑木"，它是世界上最昂贵的木材之一，拥有其他木材不可比拟的耐久性，雕刻面平整润滑，光泽耐久，极具吸引力，使其成为木雕用材的完美之选。乌木黄檀也因用于制作单簧管和双簧管等木制管乐器而备受珍视。"乌木黄檀保护和发展倡议"是一个开创性的可持续森林管理方案，通过与坦桑尼亚农村 41 个当地社区取得合作，该方案监管着 4 085 平方千米的森林，维持着树木保护与当地生计的平衡发展。目前这些社区正以可持续的方式采伐乌木黄檀，并已获得森林管理委员会的认证。

木材的独特属性催生出一些不同寻常的用途。例如，原产于中国东南部、老挝和越南的水松是水松属唯一的现存物种，它的根很轻，呈海绵状，是理想的助浮材料。与此同时，在希腊克里特岛，由于克里特榉（Zelkova abelicea）的木材柔软、轻盈、耐用，当地牧羊人剪下它的幼枝来制作"katsounes"（克里特传统手杖）。在南非和纳米比亚，树芦荟（Aloidendron dichotomum）的英文名"quiver tree"（箭筒树）得名于其空心的管状枝条，当地桑族人用它来制作箭筒。

某些因木材而受到青睐的树种也具有重大的文化意义。不丹的国树西藏柏木（Cupressus torulosa）具有重要的宗教意义，它的木材成为建造和翻新不丹宗教建筑（如"宗"——寺庙和寺院）的热门材料。除了自然形成的树群，西藏柏木被广植于著名的宗教建筑附近。许多西藏柏木现已成为参天大树，它们与重要的佛教领袖和高僧有着千丝万缕的关联。在印度尼西亚，南苏拉威西的托拉查人雕刻木制的逝者雕像（称为"tau-tau"）。这些雕像是逝者的象征，通常发现于他们的埋葬地附近。托拉查人相信，只有当葬礼仪式与他们的社会地位相符时，逝者才能进入"Poyo"（精神境界）。地位较低者的"tau-tau"通常由竹子制成，而中产阶级的"tau-tau"源自檀香木，由波罗蜜木制成的"tau-tau"则留给社会阶层最高的人使用。

02

03

栎属是一个标志性的属，栎属植物叫作橡树，因为通常具有高大雄伟的"身形"和特点鲜明的橡子而深受世界各地人们的喜爱。目前已知的橡树约有 430 种，主要分布在北半球，墨西哥、中国和美国是其最大的多样性分布中心。橡树具有巨大的经济和生态价值，在地中海地区，欧洲栓皮栎数百年来一直是当地经济重要的组成部分，主要用于生产葡萄酒瓶的软木塞。这一过程涉及采剥树皮，再将树皮置于地中海的阳光下缓慢晒干、煮沸、分级和切割等步骤。因为定期采收树皮不会杀死树木，所以软木是很好的可再生资源。如果以可持续化的方式进行管理，软木生产可以保护橡树林这个欧洲许多珍稀野生花草的家园。这些宝贵的森林还可以在日益干燥的气候中减缓土壤侵蚀。

食品、药品和树脂

几千年来，树木产品一直是人类饮食中不可分割的部分。考古遗址中保存的种子表明，人类在整个欧洲和西亚地区采集和食用野生苹果的历史已有至少 1 万年。在南亚地区，人类于 4 000 多年前首次在印度实现了杧果的驯化，杧果随后传播至热带和温暖的亚热带地区，成为世界上最必不可少的热带水果之一。成千上万个树种为人类提供了宝贵的食品，并形成了价值数百万美元的产业。

中亚地区的水果林和坚果林价值重大且具有全球意义，它们是苹果、梨、核桃、杏等经过驯化的经济果树原种的家园。这一地区拥有 300 多个野生水果和坚果品种，被认为是世界八大作物起源和驯化中心之一。丝绸之路是连接西方和东方文明的古老通道，人们认为这些营养丰富、美味可口的食物是由丝绸之路的旅行者传播的。这些已驯化作物的野生品种也许有抗虫或抗病的基因，现已证明这可能对未来的粮食安全至关重要。然而，不幸的是，这些独特的森林正在遭受威胁，44 个

已知仅分布于该地区的树种濒临灭绝。20 世纪 90 年代
苏联解体后，许多新独立的国家经济动荡，这给当地环
境带来了额外压力。例如，在塔吉克斯坦，进口燃料和
煤炭的高昂成本迫使塔吉克人依赖于森林中的薪材，导
致大量森林遭到砍伐。过度放牧是另外一个主要的威
胁。为了解决这些问题，一些组织（包括国际生物多样
性中心、全球树木保护行动和世界银行）正在与当地社
区取得合作，保护珍稀树种，促进天然更新，增加幼苗
种植。

04

常厚涂于薄煎饼和华夫饼上的枫糖浆源自枫树产生
的汁液。批量制备枫糖的传统方法是在大壶中用明火烧
煮枫树的汁液，在早期的欧洲定居者运用此法生产枫糖
之前，美洲原住民就已经掌握了这门技术。现代制糖
法的发展大大加快了制作流程，提高了效率。尽管大
多数品种的枫树都具有甜甜的汁液，但最重要的商业
品种是糖槭、黑槭和红花槭。北美枫树产品的商业生
产主要集中在美国东北部和加拿大东南部。全球枫糖
需求量持续增长，过去 35 年中，美国的人均消费量增
长了 155%。

人们认为至少有 5 万种植物具有药用价值，其中有
许多是树木。金鸡纳树可用于生产奎宁，这是历史上最
为重要的药物之一，是一种从树皮中提取的生物碱，用
于治疗世界上最致命的疾病之一——疟疾。金鸡纳树原
产于厄瓜多尔、秘鲁和玻利维亚，这一区域的原住民已
经熟知它的功效；奎宁进入欧洲之后，人们争先恐后地
抢夺它。19 世纪，在海外探险和参战的欧洲人中死于
疟疾的比例很高，获取奎宁被视为帝国扩张的重要工
具。为了减少对南美奎宁出口的依赖，19 世纪 50 年代
中期，英国人在印度南部成功建立了金鸡纳树种植园，
并向当地驻扎的士兵和公务人员分发这种药品。随着合
成药物的发展，奎宁作为抗疟药物的重要性现已减弱，
但许多人仍喜爱饮用加了奎宁的汤力水，奎宁的加入令
这种饮品具有独特的苦味。

CHINCHONA NITIDA TREES.

05

04- 娑罗双

在尼泊尔和印度，人们将娑罗双的叶片缝制成盘子和碗。这些可持续使用的容器在寺庙和节日期间很受欢迎，使用后还可以用来饲喂牲畜

05- 《亮叶金鸡纳》

Cinchona nitida（接受名）

克莱门茨·R. 马卡姆，1860—1880 年

出自《秘鲁的树皮》。奎宁是一种从金鸡纳树的树皮中提取的生物碱，历史上被用于治疗疟疾

有些树种会分泌一种由碳氢化合物组成的高黏性物质，被称为树脂。沉香树（来自沉香属和棱柱木属）出产一种极为抢手的树脂，它被称为沉香，可用于提炼沉香精油，还可加工成香水、熏香和药物等产品。树木受到真菌侵染后做出反应，沉香就是这一反应的产物，它是形成于心材内的深色致密树脂。沉香的芳香特性在历史上一直备受推崇，世界最古老的文献之一、写于公元前 1400 年的梵文《吠陀经》就把沉香记载为一种芳香产品。由于过度开发，许多生产沉香的树种现已濒临灭绝，一级沉香的价格高达每千克 10 万美元，是世界上最昂贵的天然原料之一。据估计，沉香的全球市场价值为 320 亿美元。索科龙血树（*Dracaena cinnabari*）是另一种生产树脂的树木，伞形的树冠极具辨识度，它是也门索科特拉岛的特有树种。索科特拉岛与阿拉伯半岛分离已有 3 400 万年的历史，使得岛上的植物类群进化出令人瞩目的多样性——岛上 37% 的植物物种在世界其他地方无迹可寻。龙血树可以存活数千年

之久，能产生深红色的树脂，它也由此得名。龙血树在当地被称为 "emzoloh"，其树脂用途广泛，可用于制作药物、油漆和化妆品。

除了食物、药品和树脂，树木还为人类提供了各种用途广泛的产品。在加勒比地区，刺果苏木（*Guilandina bonduc*）等豆科灌木状小乔木有着光滑发亮的种子。这些种子与大理石有着惊人的相似之处，在安提瓜古老的战棋游戏 "warri" 中，人们把它们当作筹码使用。在尼泊尔和印度，人们把娑罗双干燥后的大叶片缝合起来，制成可生物降解的叶盘和叶碗，使用后还能饲喂牲畜。这些叶片餐具为一次性塑料制品提供了环境友好的替代品，正在当地积极推广。新冠肺炎大流行期间，树木产品的多功能性在巴基斯坦古勒姆地区得到了充分体现，在缺少常规材料的情况下，人们用寒棕（*Nannorrhops ritchieana*）的新鲜叶片制作手工面罩，来防止感染新冠病毒。

生态系统服务

树木既给人类带来了实实在在的利益，又提供着极其重要的生态系统服务。它们从大气中吸收二氧化碳的能力起到了根本性的作用，而这种作用是完全无形的。

在光合作用的过程中，树木吸收二氧化碳并将其转化为生物量（以根、树干、树枝、针叶和叶片的形式）。木材几乎完全由碳组成，是一种非常有效的碳汇，在树木的一生中，这些碳都储存在其体内，直到树木死后很多年才能分解。据美国林务局计算，美国的森林每年封存的碳达到了 7.85 亿吨，约为美国年排放量的 16%（具体取决于年份）。保护、再生和补植已经失去的森林是我们缓解气候变化影响最有力的工具之一。

健康的土壤支持着我们的食物系统，并代表着最大

> 龙血树可以存活数千年之外，能产生深红色的树脂，它也由此得名。

的陆地碳储存。树木以及它们和土壤共同组成的森林，对于减缓土壤侵蚀大有裨益。树根有助于土壤的凝聚，能够增强土壤稳定性并防止浅层滑坡。如果没有植被覆盖，土壤就会暴露在风雨中，致使土壤崩碎和侵蚀。白皮五针松（*Pinus albicaulis*）是少数几种能在美国西北部和加拿大西南部高山的大风条件下生存的松树之一，通过固定松散的岩石土壤，保护了那里的土壤免遭侵蚀。有趣的是，人们发现在防止土壤侵蚀方面，落叶层和灌丛的作用甚至比树冠层更为显著。那些土壤中没有半点儿植被和落叶的单一种植园，更易引发严重的水土流失问题，这突显了保留天然森林结构与复杂性的重要作用。

在热带或亚热带，有遮蔽物的海岸线上生长的红树林是沿海民众的救星。红树林生长在潮水可及的海域内含盐又缺氧的土壤中，它们复杂的根系扎在海岸线以下，也会伸出水面。红树林的根系吸收海浪的能量，充当了海堤或缓冲区的角色。台风和飓风等热带风暴可以引发风暴潮，带来毁灭性的海岸洪水，不过有研究表明，红树林可使由热带风暴造成的死亡人数减少 2/3。人们预计气候的变化将导致海平面的上升以及更强烈、更频繁的风暴事件，为了保护沿海社区免受冲击，种植红树林可能是一种以自然为本的重要干预措施。

空气污染给人类的健康带来了严重的威胁，每年因空气污染死亡的人数大约占全部死亡人数的 1/9。在人口稠密、污染严重的城市地区，情况往往更加令人担忧。种植树木能够分散和捕获有毒颗粒，从而缓解城市的空气污染情况。英国的一项研究表明，英国本土树种垂枝桦、欧洲红豆杉和西洋接骨木可以捕获 70% 以上的车辆排放出的超细颗粒。目前，全球各地的城市都在利用植树计划来降低空气污染，环抱中国首都北京的河北省正在城市周围打造一条由植被构成的"绿色项链"，以减少周围工厂排放物对城市的影响；与此同时，为了改善空气质量和应对气候变化，法国巴黎也正计划在 4 个历史遗迹周边种植树木。

城市树木

城市树木具有美感，现已证实它们可以让所处街区增值

树木能够缓解城市内部的闷热感，在城市环境中扮演着重要角色。在主要由混凝土和柏油路搭建起的城市里，"热岛效应"使得平均温度升高了几摄氏度，这"几摄氏度"也许看起来不算什么，但当你把"反照率效应"（颜色较深的表面对太阳辐射的吸收）、污染和缺乏自然气流这些因素都考虑在内时，这些额外的热量就会严重降低城市生活的舒适感。热成像和温度测量结果表明，城市树木提供的荫凉可充分补偿这一点，树荫下的温度比露天路面上的温度低 6 摄氏度。对气候变化的预测不仅促进了城市绿化，还加快了植树造林的进程。

人们也在不断加强对于身心健康与获得绿色空间之间积极联系的认知。预计到 2050 年，68% 的世界人口将生活在城市地区，因此十分有必要优先考虑人们亲近树木与自然的需求。许多植物园都位处城市，它们是连接人与自然的重要资源。20 世纪 80 年代，日本将"森林浴"列为一项国家卫生计划，以缓解劳动带来的紧张和压力。森林浴是调动所有感官欣赏自然的过程。研究表明，树木产生的油脂（"植物杀菌素"）实际上可以增强免疫力，森林浴这一尝试既可降血压，还能降低应激激素水平。

我们正处于一个特大城市的时代，而拥有 2 000 多万常住人口的中国上海是其中最大的城市之一。在这样的城市里，房地产价格极其昂贵，其结果之一便是城市绿地供不应求。解决此问题的一种创新方案是让树木走入人家：赫斯维克工作室设计的"天安千树"建筑创造了一处前所未有的城市森林，该建筑群模拟了山丘起伏的地形，1 000 棵树矗立在如杯子般巨大的容器之中。

木制房屋

　　木材用于建造我们的家园已有1万多年的历史，它至今仍是一种流行的建筑材料。在世界各地，人们用木材建造原木小屋、吊脚楼和神圣的庙宇等许多建筑。

01

02

03

04

01-茶馆
中国

在中国，从故宫博物院的大殿到低矮的房屋和店面，7 000年来人们一直使用木材作为建筑材料

02-中世纪的木结构框架
英格兰

中世纪房屋的木结构框架通常由硬材制成，填充板由板条（木条）和粗灰泥（黏土或灰泥）制成

03-合掌造房屋
日本

倾斜陡峭的茅草屋顶是日本合掌造风格的特点。屋顶由坚固的橡木或雪松木横梁支撑，被称为"chonabari"

04-美国印第安人的圆锥形帐篷
美国

历史上，北美大平原的原住民使用尖顶帐篷，这些帐篷是用木杆、兽皮建造而成的，某些情况下他们也会使用树皮布

05-吊脚楼
巴布亚新几内亚

在巴布亚新几内亚，尤其是在其南部沿海地区，仍然有人建造吊脚楼并居住在其中。木桩的高度通常为 3.5~4 米

06-新石器时代的长屋
海峡群岛

这座位于泽西岛的新石器时代长屋复制品采用了传统的材料，运用了泥浆涂抹、盖草屋顶和树皮剥落等技术

07-木制房屋
美国

在美国，木制房屋仍常常比砖屋或石屋更受欢迎，因为它们的建造成本相对较低，产生的税收也较少，而且既安全又温暖

08-原木小屋
美国

木屋也可以追溯至欧洲拓荒时代，当时的早期定居者用仅有的现成材料（主要是树木）来建造他们的小木屋

05

06

07

08

树木与我们

神圣的木建筑与木制品

从教堂到寺院，从三联画到圣像，木材都是首选的制作材料。从英国教堂庭院里的欧洲红豆杉到不丹寺庙中的柏木，在许多情况下，特定的树木被视为神圣之物。对基督教徒来说，基督死于一棵"树"上的事实具有特殊意义。

↓博尔贡木板教堂
挪威

这座木制教堂建于公元前1200年左右，采用"stave"（狭木板）风格。这个名字来源于建筑的结构，这种结构以承重柱为基础，在古诺尔斯语中称为"stafr"

→圣物（彩色木材）
木俑几乎与所有宗教有联系，但伊斯兰教是一个例外

博尔贡木板教堂，挪威，1180—1250年

迦叶佛， 韩国，1700 年

毛利屋脊雕像， 新西兰，19 世纪 20 年代

渡鸦拨浪鼓， 美洲原住民，19 世纪

圣母和圣婴， 法国，约 1175—1200 年

木制家具

木材的颜色、纹理和柔韧度使其成为理想的材料，被用于设计和制造造型与功能并重的前卫家具。

42 型低靠背悬臂扶手椅

阿尔瓦·阿尔托，约 1932 年

桦树，山毛榉

01-雷尼森布的椅子
约公元前 1450 年
黑檀，象牙木

02-斯卡贝罗椅
朱利亚诺·达·马亚诺
约 1489—1491 年
胡桃木、槭木、黑檀、乌木和果木

03-无扶手的单椅
贾尔斯·格伦迪
约 1735—1740 年
经过油漆和涂金工艺的山毛榉木，藤条编织

04-转椅
震教派
约 1840—1870 年
槭木、白橡木、松木、桦木

05-梯背椅
查尔斯·伦尼·麦金托什
1902 年
苏格兰橡木

06-贝壳型休闲椅
弗里茨·汉森
1948 年
柚木胶合板与着色的山毛榉木

01

02

03

04

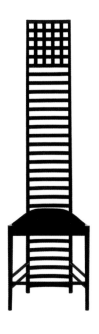

05

06

枫糖采集

　　北美土著最先掌握了枫糖浆的制作工艺，枫糖至今仍是搭配煎饼、华夫饼和粥的最佳佐料。如今，几乎全球的枫糖生产都局限于加拿大和美国，加拿大仅魁北克一省就贡献了全球枫糖产量的约 70%。

01

01-枫糖屋

美国东北部新英格兰地区佛蒙特州

人们在枫糖屋这种建筑物中，将从枫树上收集的汁液熬煮成枫糖浆

02-枫糖产业

黑白照片，约 1930 年

人们把手摇曲柄钻钻入枫树，来安装糖浆龙头

03-枫糖广告

平版印刷商业卡片，约 1880 年

一张维多利亚时代的商业卡片，用来宣传哥伦布大道牌枫糖

04-收获枫糖

2~4 月间树液开始上升时是采收枫糖最好的时间。大多数树木每季可以生产 20~60 升的树液

02

03

04

基于树木的生活用品

即使是在广泛使用一次性塑料制品的今天，木材也依然是我们日常生活中的必需品。木材如今仍是制作家具、器皿、乐器、游戏和书籍的首选材料。

书籍

乐器

橱柜

棋具

木椅

药品

乳胶橡胶手套

砧板

筷子

树木的果实

葡萄酒瓶塞

枫糖

桌子

生态系统服务

　　生态系统服务可分为供给服务（食物、燃料、纤维）、调节服务（气候、水）、支持服务（土壤、养分循环）和文化服务（教育、美学、遗产）。树木大量提供了全部类型的生态系统服务，因此它们是地球生态功能的核心。

木樨榄

Olea europaea
树木的各个部分都为人类及其赖以生存的其他生物提供着某种服务。这里的小乌鸫躲藏在一株百年木樨榄的树干中

根深叶茂

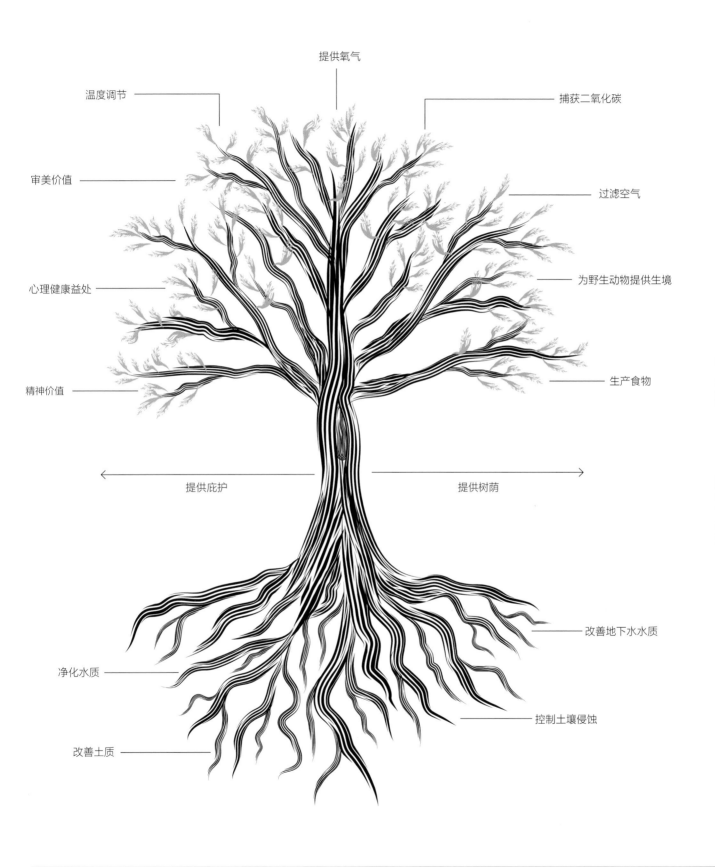

提供氧气

温度调节

捕获二氧化碳

审美价值

过滤空气

心理健康益处

为野生动物提供生境

精神价值

生产食物

提供庇护

提供树荫

改善地下水水质

净化水质

控制土壤侵蚀

改善土质

世界树木状况评估

世界树木状况评估工作启动于 2015 年，目的是使我们认清对世界树种保护状况认知不足的现状，正是认知的匮乏制约了我们拯救濒危树种的能力。资源过度开发、森林滥伐、日益加剧的气候变化和外来病虫害等一系列因素，导致各种树木都面临着灭绝风险，因此，评估剩余树种的生存状况刻不容缓。该倡议由国际植物园保护联盟和世界自然保护联盟物种生存委员会全球树木专家小组协同开展，成果将被用于划分保护工作的优先顺序，以确保不再有更多的树种灭绝。世界树木状况评估纳入了近 6 万个已知的树种，是有史以来在物种层面上进行的最大的生物多样性评估。

世界树木状况评估工作启动于 2015 年，目的是使我们认清对世界树种保护状况认知不足的现状，正是认知的匮乏制约了我们拯救濒危树种的能力。

01-穗花短苞豆
分布于南非至肯尼亚地区，是非洲旱生疏林的优势种之一（非洲旱生疏林是一片占地 2.5 亿公顷的生境）

02-苦苏花
Hagenia abyssinica
拥有大量迷人的花朵，观赏价值很高，雄花和雌花呈现出从橙至红再到棕的一系列色彩

03-大猴面包树
Adansonia grandidieri
如雕塑般庄严，是马达加斯加的特有植物，形成了穆龙达瓦著名的猴面包树大道

04-巴拉那松
Araucaria angustifolia
分布于巴西东南部、巴拉圭和阿根廷北部的南洋杉潮湿森林。由于不可持续的采伐，该树种已处于极度濒危状态

01

02

03

04

毁林（滥伐森林）前沿

森林面积

世界森林现状一览

　　全球的原始森林不仅是木材、药物等商品的来源，还能捕获碳、产生氧气、影响天气系统，是数百万生物的家园。砍伐原始森林会给人类自身带来危险。

生产牛肉和大豆是全球森林砍伐的主要驱动力

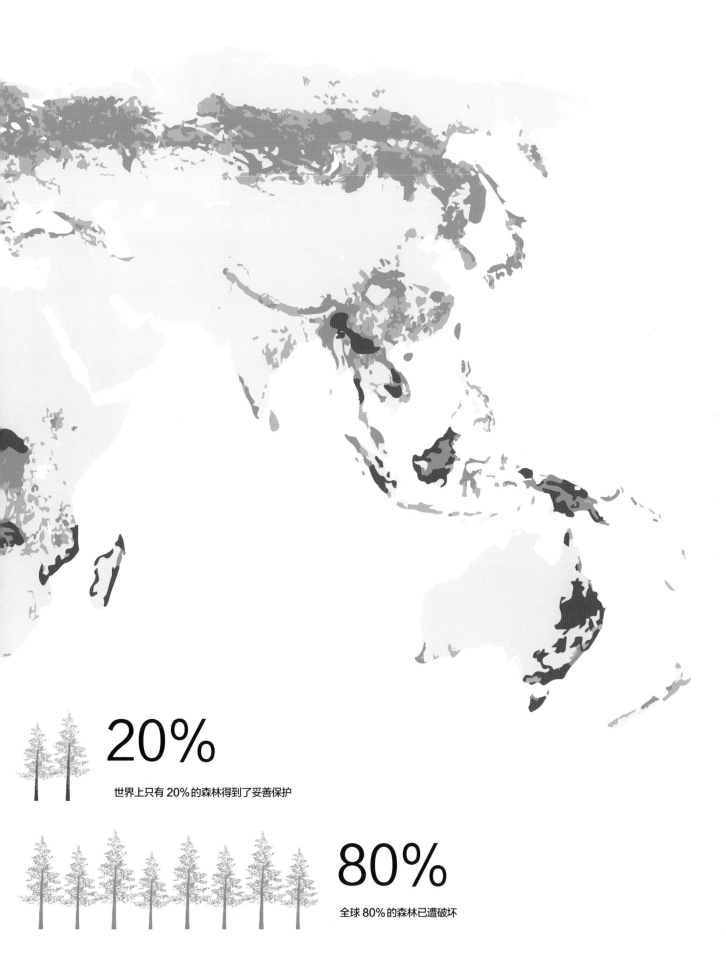

20%

世界上只有 20% 的森林得到了妥善保护

80%

全球 80% 的森林已遭破坏

城市规划

在城市地区种植树木可以改善空气质量。据世界卫生组织估计，90%的人正承受着恶劣或危险的空气质量带来的影响。在空气污染严重的交通路口等关键区域种植适当的树种，可能会对人类健康和福祉产生重大影响。

← **中央公园**
美国纽约
城市绿地为都市降温，大大缓解了由混凝土和柏油路面反射热量所造成的"热岛效应"

↓ **卢森堡花园**
法国巴黎
城市花园还为城市居民提供了迫切需要的休闲空间，人们能够在此进行体育锻炼或者全家出游，并得到精神上的放松

中国成都

　　成都地处中国西部，是四川省的省会城市。成都拥有 2 100 多万人口，亚洲开发银行的报告称，它是中国最宜居的城市。

← **绿色基础设施**
成都市的建成区绿化覆盖率为44.6%，全市森林覆盖率达到了40.5%，有多个区被命名为国家生态文明建设示范区 ①

↓ 成都正在优先推进生态区、绿道、公园、小花园和微绿地的建设，目标是经济发展与环境改善齐头并进

---

① 相应数据已更新为截至 2023 年 9 月的统计数据。——编者注

扩展阅读

书目

《热带森林恢复：实用指南》（*Restoring Tropical Forests: A Practical Guide*）
戴维·布莱克斯利、凯特·哈德威克、斯蒂芬·D. 埃利奥特
伦敦：邱园出版社，2013 年版
这本书的创作基于已得到证实的森林恢复技术，使得读者能够采取切实可行的措施来帮助拯救这些宝贵的土地。这本书以泰国清迈大学森林生态恢复研究部门所开发的创新技术为基础。

《赫尔曼·查尔斯·博斯曼文集》（*The Collected Works of Herman Charles Bosman*）
赫尔曼·查尔斯·博斯曼　著
约翰内斯堡：Human & Rousseau 出版社，1994 年版
南非最受欢迎的作家赫尔曼·查尔斯·博斯曼的生平作品。博斯曼是一位具有非凡深度和远见卓识的作家，同时也是一位伟大的幽默作家，他在书中融合了看似随意的粗糙感、顽皮、人类选择性的卓越与脆弱性的悲剧感。

《银杏：被时间遗忘的树种》（*Ginkgo: The Tree That Time Forgot*）
彼得·克兰　著
纽黑文：耶鲁大学出版社，2013 年版
这本书是一部关于银杏的完整历史，银杏是世界上最独特的树木，在 2 亿多年的时间里一直保持着顽强的生命力，给我们提供了一条与恐龙时代取得关联的生动纽带。

《卡尔佩珀氏草书》（*Culpeper's Complete Herbal: Over 400 Herbs and Their Uses*）
尼古拉斯·卡尔佩珀　著
伦敦：大角星（Arcturus）出版社，2009 年版
这是一本关于英国早期在烹饪和医药中使用到的草药疗法的权威读物。

《环游世界 80 种树》（*Around the World in 80 Trees*）
乔纳森·德罗里　著
伦敦：劳伦斯·金（Laurence King）出版社，2018 年版
畅销书作家兼环保主义者乔纳森·德罗里追随着菲利亚斯·福格的脚步，讲述了全球 80 种壮美树木的故事。

《最后的植物大发现：英国邱园千年种子库的故事》（*The Last Great Plant Hunt: The Story of Kew's Millennium Seed Bank*）
卡罗琳·弗里，休·塞登，盖尔·文斯　著
伦敦：邱园出版社，2011 年版
讲述了关于邱园千年种子库的故事，记叙了种子采集的重要性、种子的收集和保管过程、库存种子的用途，以及全球种子保护的未来。

《2022 年吉尼斯世界纪录》（*Guinness World Records 2022*）
伦敦：吉尼斯世界纪录有限公司，2022 年版
收录了令人惊叹、鼓舞人心和异乎寻常的事物，这本书把环境问题置于首位，也鼓励读者改变现状并自己打破纪录。

《植物王国的奇迹：生命的旅程》（*Seeds: Time Capsules of Life*）
罗布·克塞勒，沃尔夫冈·斯塔佩　著
伦敦：Papadakis 出版社，2014 年版
这个内容丰富的精简版呈现了种子的自然史，并配有特写照片和扫描电子显微镜照片加以说明。

《不列颠植物志》（*Flora Britannica*）
理查德·梅比　著
伦敦：Sinclair-Stevenson 出版社，1996 年版
这本书涵盖了英格兰、苏格兰和威尔士的本土和归化植物，阐述了野生植物在社会生活、艺术、习俗和景观中的作用。

《裸猿》（*The Naked Ape: A Zoologist's Study of the Human Animal*）
德斯蒙德·莫利斯　著
伦敦：乔纳森·凯普出版公司，1967 年版
这本书已经成为 20 世纪下半叶人类学和心理学的标杆。当它于 1967 年首次出版时，它震惊众人并成为激烈辩论的话题；争论的焦点在于，莫利斯把人类描述为"一种不同寻常的裸露皮肤的灵长类动物"，好像这只是另一个动物物种。

《植物猎人》（*The Plant Hunters: Two Hundred Years of Adventure and Discovery Around the World*）
托比·马斯格雷夫，克里斯·加德纳，威尔·马斯格雷夫　著
伦敦：卡塞尔出版社，1999 年版
这本书讲述了这样一些人的故事，他们穿越遥远又美丽的土地，常常冒着巨大的危险采集植物，200 年间这些植物塑造了西方的园林设计。

《改变世界的植物》（*An Empire of Plants: People and Plants That Changed the World*）
托比·马斯格雷夫，威尔·马斯格雷夫　著
伦敦：卡塞尔出版社，2000 年版
这本书讲述了 7 种植物的故事，它们的发现和栽培改变了全世界的命

运，书中调查了海外贸易路线的遗产，并展示了巨大的财富是如何建立在间谍、奴隶制、危险和冲突之上的。

《伊甸园的愿景：玛丽安娜·诺斯的生活和工作》（ *Vision of Eden: The Life and Work of Marianne North* ）

玛丽安娜·诺斯　著

伦敦：皇家植物园邱园，2000 年版

这是无畏的植物插画家玛丽安娜·诺斯（1830—1890）自传的更新版，在她去世之后，1893 年最初以《幸福生活的回忆》一名出版。这本书根据她在埃及、锡兰、印度、日本、加里曼丹岛、澳大利亚、南非、新西兰和美国的旅行日记改编，并由她现存的水彩画作为插图贯穿始终。

《玛丽安娜·诺斯：勇敢无畏的画家》（ *Marianne North: A Very Intrepid Painter* ）

米歇尔·佩恩　著

伦敦：邱园出版社，2015 年版

玛丽安娜·诺斯是一位英国博物学家，也是一位杰出的植物艺术画家，在 10 多年的时间里，她游历了 10 多个国家，绘制了世界上的热带植物和奇异的植物。

《格拉斯顿伯里：神话与考古学》（ *Glastonbury: Myth and Archaeology* ）

菲利普·拉兹　著

斯特劳德：Tempus 出版社，2003 年版

格拉斯顿伯里以其独特的地标托尔山而闻名，对许多人来说这是一个熟悉的名字。它的名声不仅在于其著名的音乐节，还在于它与亚瑟王和亚利马太的约瑟夫的传奇联系，据说圣约瑟夫的手杖已经长成了格拉斯顿伯里的托尔山。

《汤姆·汤姆森》（ *Tom Thomson* ）

丹尼斯·里德　编

温哥华/多伦多：Douglas & McIntyre 股份有限公司，2002 年版

这本书对汤姆·汤姆森的生活及其所处的时代进行了图文并茂、内容全面、引人入胜的描述，从他的传记和作品（几乎全部是风景画）到他所生活的时代背景，书中 6 篇专业的文章从不同角度向人们介绍了这位加拿大标志性的艺术家及其在七人画派中的同行。

《七人画派与汤姆·汤姆森》（ *The Group of Seven and Tom Thomson* ）

戴维·西尔科克斯　著

安大略：萤火虫图书有限公司，2011 年版

这本屡获殊荣的畅销书收录了许多之前从未复制过的画作，是这些风景画大师有史以来最为齐全的画作集锦。书中 400 幅画作彰显出这 10 位画家的非凡才能，他们在某种程度上是加拿大艺术运动的一部分。

《非洲旱生疏林树木和灌丛野外指南》（ *Field Guide to the Trees and Shrubs of the Miombo Woodlands* ）

保罗·史密斯，昆廷·艾伦　著

伦敦：英国皇家植物园邱园，2004 年版

这本实用的《非洲旱生疏林树木和灌丛野外指南》，专为在非洲中南部地区工作或前往该地区访问的人群设计，对非洲旱生疏林植被中最常见的 60 种乔木和灌木进行了通俗易懂的介绍。

《种子之书》（ *The Book of Seeds* ）

保罗·史密斯　编

伦敦：常春藤出版社，2018 年版

这本书带领读者浏览了全球 600 种种子，展示了它们无与伦比的美丽和丰富的多样性。书中每页都有一张构图精美、与实物尺寸一致的种子照片，有时照片会被放大以显示具体细节，并给出了简要描述、分布地图和保护状况等信息。

《植物王国的奇迹：果实的奥秘》（ *Fruit: Edible, Inedible, Incredible* ）

沃尔夫冈·斯塔佩，罗布·克塞勒　著

伦敦：Papadakis 出版社，2011 年版

这本书探索了水果存在的原因，以及它们短暂的生命对自然秩序的重要性。视觉艺术家罗布·克塞勒利用扫描电子显微镜拍摄了各种水果及其所含种子的惊人图像，而种子形态学家沃尔夫冈·斯塔佩阐释了水果的形成、发展与消亡。

《植物的异色世界》（ *The Bizarre and Incredible World of Plants* ）

沃尔夫冈·斯塔佩，罗布·克塞勒，梅德琳·哈里　著

伦敦：Papadakis 出版社，2009 年版

这本书介绍了花粉、种子和果实的用途，以及它们在植物繁殖和保护地球生物多样性方面发挥的作用。插图为令人震撼的微观摄影作品，由罗布·克塞勒提供，文字由皇家植物园邱园的两位专家提供。

《树的秘密生活》（ *The Secret Life of Tree: How They Live and Why They Matter* ）

科林·塔奇　著

伦敦：企鹅出版集团，2005 年版

这本书探讨了树木在我们日常生活中不为人知的功效，以及我们未来的生存如何依赖于它们。

《树的秘密生命》（ *The Hidden Life of Trees* ）

彼得·渥雷本　著

伦敦：哈珀·柯林斯出版社，2017 年版

在这本书中，彼得·渥雷本提出了一个观点，即森林是一个社交网络。他借鉴了突破性的科学发现，描述了树木与人类家庭的相似之处：树的父母与孩子共同生活，彼此交流，支持它们的成长，与那些生病或苦苦挣扎的树木共享养分，甚至警告对方当心即将到来的危险。

科研论文

Daws, M. I., Davies J., Vaes, E., van Gelder, R., & Pritchard, H. W. (2006). Two-hundred-year Seed Survival of Leucospermum and Two Other Woody Species from the Cape Floristic Region, South Africa. *Seed Science Research*. 62: 73-79.

Mitchell, R. J., Bellamy, P. E., Ellis, C. J., Hewison, R. L., Hodgetts, N. G., Iason, G. R., Littlewood, N. A., Newey, S., Stockan, J. A., Taylor, A. F. S. (2019). Oak-associated Biodiversity in the UK (OakEcol). NERC Environmental Information Data Centre. doi. org/10.5285/22b3d41e-7c35-4c51-9e55-0f47bb845202.

Reich, P. B., Uhl, C., Walters, M. B. et al. (1991). Leaf lifespan as a determinant of leaf structure and function among 23 Amazonian tree species. *Oecologia* 86, 16–24. doi. org/10.1007/BF00317383.

Schmitt, C., Parola, P., de Haro, L. (2013). Painful Sting After Exposure to Dendrocnide sp: Two Case Reports. *Wilderness and Environmental Medicine*. 24 (4): 471–473. doi:10.1016/j. wem.2013.03.021. PMID 23870765.

补充说明

书中所列物种的拉丁学名均经过专业人士审核。由于植物物种多有异名，书中有个别拉丁学名遵照中国科学院植物研究所的"植物智"信息系统等权威数据库，修订为中文环境下普遍认可的接受名。为方便读者延伸阅读，在此附上原书提供的异名（可在邱园网站等处查询相关资料）。

中文名	接受名	原书异名
P13 叠伞金合欢	*Vachellia tortilis*	*Acacia tortilis*
P23 苹果	*Malus pumila*	*Malus domestica*
P23 油鳕苏木	*Mora oleifera*	*Mora megistosperma*
P43 马达加斯加章鱼豆	*Bobgunnia madagascariensis*	*Swartzia madagascariensis*
P108 瘤刺树	*Senegalia nigrescens*	*Acacia nigrescens*
P111 非洲格木	*Erythrophleum africanum*	*Erythrophleum sauveolens*
P112 欧鼠李	*Frangula alnus*	*Rhamnus frangula*
P112 瑞香叶鱼薇香	*Lasiosiphon daphnifolius*	*Gnidia daphnifolia*
P126 阿拉伯胶树	*Senegalia senegal*	*Acacia senegal*
P126 红铁金合欢	*Vachellia seyal*	*Acacia seyal*
P174 使君子	*Combretum indicum*	*Quisqualis indica*
P181 金花茶	*Camellia petelotii*	*Camelia chrysantha*
P183 软叶丝兰	*Yucca faxoniana*	*Yucca torreyi*
P185 宫粉羊蹄甲	*Bauhinia variegata*	*Phanera variegata*
P186 铁刀木	*Senna siamea*	*Cassia siamea*
P268 西藏柏木	*Cupressus torulosa*	*Cupressus corneyana*

树木园和植物园

以下树木园和植物园都有引人入胜、丰富多样的树木收集可供参观。这份列表并不详尽，但从造访这些地方开始是个不错的选择！如需更全面地了解树木园和植物园，请在线查询国际植物园保护协会的GardenSearch数据库。

阿尔及利亚： Jardin Botanique du Hamma, Algiers

阿根廷： Arboretum Facultad de Agronomia y Zootecnia San Miguel de Tucuman; Arboretum Guaycolec, Formosa; Jardin Botanico y Arboretum 'Carlos Spegazzini' La Plata

澳大利亚： Atherton Rainforest Arboretum and Herbarium Reference Collection, Atherton; Dame Elisabeth Murdoch Arboretum, Cranbourne; National Arboretum Canberra, Canberra; Waite Arboretum, Adelaide

奥地利： Alpengarten Franz Mayr-Melnhof, Frohnleiten;Botanischer Garten Innsbruck und Aplengarten Patscherkofel, Innsbruck; Universitat fur Bodenkultur Wien Department fur Integrative Biologie und Biodiversitatsforschung, Vienna

阿塞拜疆： Arboretum Azerb NIILH, Barda

白俄罗斯： Arboretum Bel NIILH, Gomel

比利时： Arboretum Robert Lenoir, Rendeux; Arboretum Wespelaar, Haacht- Wespelaar; Kalmthout Arboretum, Kalmthout

波斯尼亚和黑塞哥维那： Arboretum Parsino Brdo, Sarajevo; Arboretum Slatina, Sarajevo

加拿大： Montreal Botanical Garden, Montreal; Royal Botanical Gardens, Ontario, Burlington; University of British Columbia Botanical Garden, Vancouver; University of Guelph Arboretum, Guelph

智利： Arboretum Antumapu, Santiago; Fundacion Jardin Botanico Nacional, Vina del Mar

中国： 华南国家植物园，广州；西双版纳热带植物园，西双版纳；上海辰山植物园，上海；香港嘉道理农场暨植物园，香港特别行政区

哥伦比亚： Jardin Botanico de Cartagena, Turbaco; Jardin Botanico del Pacifico Bahia, Solano

哥斯达黎加： Arboretum del Bosque Seco Tropical, Liberia; Arboretum Leslie R. Holdridge, San Pedro; Osa Conservation, Puerto Jimenez

克罗地亚： Arboretum Opeka, Vinica; Botanical Garden of the Faculty of Science Zagreb, Zagreb; Trsteno Arboretum, Trsteno

捷克共和国： Arboretum Kostelec, Czech Agricultural University of Prague, Kostelec; Arboretum Novy Dvur, Steborice; Botanical Gardens and Arboretum, Brno

刚果民主共和国： Jardin Botanique de Kisantu, Inkisi-Kisantu

丹麦： Arboretum Paludosum, Silkeborg; The Greenland Arboretum, Greenland

爱沙尼亚： Jarvselja Arboretum, Meeksi

埃塞俄比亚： Forestry Research Centre Arboretum, Addis Ababa; Wondo Genet College Arboretum, Shashemene

芬兰： Arboretum Mustila, Elimaki; International Forest Line Arboretum, Turku Botanical Garden 'Botania', Joensuu

法国： Jardin Botanique de la Ville de Lyon, Lyon; Jardin Botanique de la Ville et de l'Universite de Tours, Tours; Jardin des Plantes de Paris et Arboretum de Chevreloup, Paris; Jardins des Plantes, Montpellier

加蓬： Arboretum de Sibangu, Libreville

格鲁吉亚： Bakuriani Alpine Botanical Garden, Bakuriani

德国： Arboretum Freiburg-Gunterstal, Freiburg; Botanischer Garten München-Nymphenburg, Munich; Späth-Arboretum der Humboldt-Universität zu Berlin, Berlin

加纳： Bunso Arboretum, Bunso

洪都拉斯： Blue Harbour Tropical Arboretum, Isias de la Bahia

匈牙利： Buda Arboretum, Budapest; Folly Arboretum and Winery, Badacs-onyős; Godollő Erdészeti Arborétum-Godollo Forestry

Arboretum, Gödöllő

印度: Auroville Botanical Gardens, Auroville; Forestry Arboretum, Dhaulakuan; Rhododendron Arboretum, Gangtok

爱尔兰: Fota Arboretum and Gardens, Carrigtwohill; National Botanic Gardens, Kilmacurragh; The John F. Kennedy Arboretum, New Ross

以色列: Arboretum Department of Natural Resources, Bet-dagan

意大利: Arboreto di Arco - Parco Arciducale, Trento; Orto Botanico dell` Università della Tuscia, Viterbo; Orto e Museo Botanico Universita di Pisa, Pisa

牙买加: National Arboretum Foundation, Kingston

日本: Kemigawa Arboretum, Chiba; Kobe Municipal Arboretum, Kobe; The Aritaki Arboretum, Koshigaya

哈萨克斯坦: Arboretum Szczuczinsk, Szczuczinsk

肯尼亚: African Forest, Elementaita; Brackenhurst Botanic Garden, Limuru; Friends of Nairobi Arboretum, Nairobi

老挝: Pha Tad Ke Botanical Garden, Luang Prabang

立陶宛: Botanical Garden of Vilnius University, Vilnius; Dubrava Arboretum, Vaisvydava

卢森堡: Arboretum Kirchberg, Luxembourg

马其顿: City Arboretum Gorica, Ohrid; Arboretum Opeka, Vinica; Arboretum Trubarevo, Skopje

马达加斯加: Antsokay Arboretum, Tulear; Parc Botanique et Zoologique de Tsimbazaza, Antananarivo

马来西亚: Sepilok Arboretum, Sandakan; Taman Kiara Arboretum, Kuala Lumpur

墨西哥: Jardin Botánico Francisco Javier Clavijero, Xalapa; Jardin Botánico Xochitla, Tepotzotlán Mexico City

摩尔多瓦: Arboretum NPO, Kishinev; Botanical Garden Academy of Sciences of Moldova, Chisinau

黑山: Arboretum Radigojno, Kolasin

荷兰: Arboretum Oudenbosch, Oudenbosch; Belmonte Arboretum, Wageningen; Trompenburg Gardens & Arboretum, Rotterdam

新西兰: Eastwoodhill Arboretum, Gisborne; Massey University Arboretum and Gardens, Palmerston North; Rotorua Arboretum, Rotorua

尼加拉瓜: Arboretum Anita Holmann, Managua

挪威: The Arboretum, Bergen; Tromso Botanic Garden, Tromso; University of Oslo Botanical Garden, Oslo

秘鲁: Arboretum Jenaro Herrera, Requena; Jardin Botanico-Arboretum El Huayo, Iquitos

菲律宾: Arboretum of the University of the Philippines, Quezon City; Northwestern University Ecological Park and Botanic Gardens, Laoag City; Siit Arboretum Botanical Garden, Dumaguete

波兰: Kornik Arboretum, Kornik; Arboretum Lesny Bank Genow Kostrzyca, Milkow; Rogow Arboretum of Warsaw University of Life Sciences Rogow

葡萄牙: Parques de Sintra-Monte da Lua S.A., Sintra

波多黎各: Arboretum and Casa Maria Gardens, San German; Arboretum Parque Dona Ines, San Juan

留尼汪: Arboretum St. Denis, Reunion

罗马尼亚: L'Arboretum Bazos, Timisoara

俄罗斯: Botanical Garden-Institute of the Far Eastern Branch, Russian Academy of Science, Vladivostok; Main Botanical Garden, Russian Academy of Sciences, Moscow; Arboretum Khabarovsk; Arboretum of the Research Institute of Kamyshin

卢旺达: Arboretum de Ruhande, Butare; Bukavu Arboretum/Garden, Cyangugu

圣赫勒拿岛: Clifford Arboretum, St Helena

塞拉利昂： Bo Arboretum, Bo City; Kenema Nursery Arboretum, Kenema

斯洛伐克： Arborétum Borová hora, Zvolen; Botanická zahrada-Univerzity Pavla Jozefa Šafárika, Košice; Lesnicke arboretum Kysihybel Banska, Stiavnica

南非： Kirstenbosch Botanical Garden, Cape Town; Misty Hills Botanical Garden and Arboretum, Muldersdrift; National Botanical Garden, Pretoria

韩国： Baekdudaegan National Arboretum, Bongwa-Gun; Korea National Arboretum, Pocheon-Si; Chollipo Arboretum Foundation, Sowon-Myeon

西班牙： Arboretum-Pinetum Lucus Augusti, Lugo; Arboretum Jardi Botanic Pius Font i Quer Lleida; Lugan Arboretum, Leon; Real Jardin Botanico Juan Carlos I, Alcala de Henares; Fundacion Sales Xardin Arboretum, Vigo

斯里兰卡： Belipola Arboretum, Bandarawela; Dambulla Arboretum, Dambulla; Royal Botanical Gardens, Peradeniya

苏丹： Soba Arboretum Forest Research Institute, Khartoum

瑞典： Alnarpskparken, Alnarp; Arboretum Norr, Umea

瑞士： Arboretum du vallon de l'Aubonne, Aubonne; Musee et Jardins Botaniques, Cantonaux Lausanne; Botanical Garden of the University of Bern, Bern

坦桑尼亚： Usambaras Arboretum, Usambaras

泰国： Huay Kaew Arboretum, Chiang Mai

突尼斯： Botanical Garden of Tunis, Ariana

土耳其： Ataturk Arboretum, Istanbul; Aegean University Botanical Garden & Herbarium Research and Application Center, Bornova-Izmir; Nezahat Gokyigit Botanic Garden, Istanbul

乌克兰： Arboretum, Veseli Bokovenki; Botanical Garden of Podolensis, Vinnitsa; Donetsk Botanical Garden, Donetsk; Ukrainian National Forestry University Botanic Garden, Lviv

英国： Bedgebury Pinetum, Kent; Dawyck Botanic Garden, Bellspool; National Botanic Garden of Wales, Middleton Hall; Oxford University Harcourt Arboretum, Oxford; The Yorkshire Arboretum, York; Westonbirt, The National Arboretum, Wiltshire

美国： Arlington National Cemetery Memorial Arboretum, Arlington; Arnold Arboretum of Harvard University, Boston; Bartlett Arboretum & Gardens, Stamford; Bernheim Arboretum and Research Forest, Clermont; Boyce Thompson Arboretum, Tucson; Dawes Arboretum, Newark; Harold L. Lyon Arboretum, Honolulu; Minnesota Landscape Arboretum, Chaska; Morris Arboretum, Philadelphia; Morton Arboretum, Lisle; North Carolina Arboretum, Asheville; U.S. National Arboretum, Washington; UC Davis Arboretum, Davis

委内瑞拉： Fundacion Jardin Botanico Unellez, Barinas; Instituto Experimental Jardin Botanico Dr Tobias Lasser, Caracas

越南： Bidoup Nuiba Botanic Garden, Dalat

致谢

我对伊维特·哈维·布朗表示衷心感谢，她撰写了《树木与我们》一章，并慷慨地分享了她的专业知识。我还要感谢我在国际植物园保护联盟"树木团队"的同事们，以及世界各地参与全球树木状况评估和全球树木运动的人们，他们对树木的热爱给予我创作本书的灵感。诚挚地感谢泰晤士&赫德逊团队，尤其是海伦·范索普、弗勒·琼斯和卢卡斯·迪特里希。最后，我要感谢我的妻子德布斯和女儿扎维里聆听我朗读本书节选，并给予我建议与鼓励。

本书作者

保罗·史密斯博士是国际植物园保护联盟（BGCI）秘书长。BGCI由100多个国家的650个成员机构组成，是世界上最大的植物保护网络，牵头开展了全球树木评估项目，并于最近发布了《世界树木状况报告》。保罗深耕保护领域30年，于2015年3月加入BGCI，出任秘书长一职；此前，他曾担任英国皇家植物园邱园千年种子库（MSB）的负责人，在他执掌MSB的9年里，MSB保存了超过2.5万种植物的种子，并于2009年达成了首个具有里程碑意义的目标——保存了全球10%的植物物种的种子，优先收集了珍稀濒危植物和具有利用价值的植物。保罗接受过植物生态学培训，是非洲南部植物和植被方面的专家，他编纂了《赞比亚生态调查》，著有非洲中南部植物野外指南《马达加斯加植被图集》和《种子之书》。他是威尔士国家植物园的受托人、世界自然保护联盟植物保护委员会联合主席和英格兰树木园咨询委员会主席，获得过新英格兰野花协会国际植物保护服务奖章和戴维·费尔柴尔德植物探索奖章。

伊维特·哈维·布朗（Yvette Harvey Brown）是《树木与我们》一章的作者，5年多来她一直致力于加大BGCI对濒危树种的保护力度，尤其关注拓展濒危树种在生态恢复中的应用。

序言作者罗伯特·麦克法伦是剑桥大学伊曼纽尔学院的研究员，他的创作侧重于自然与地方风物、语言和人文等方面，著有《深时之旅》《古道》《心事如山》等，作品被广泛改编为音乐、电影、电视、广播和戏剧。他还担任电影《河流》《高山》的编剧。

词汇表

半寄生植物（hemiparasite）：一种既能进行光合作用，又寄生其他植物的植物。

北方带（boreal）：以占据主导地位的针叶林为特征的北部生物区。

闭果（indehiscent fruit）：果皮不自然开裂的果实。

边材（sapwood）：介于心材和树皮之间，新近形成木材的柔软外层，包含功能性的维管组织。

表皮（epidermis）：覆盖植物根、茎、叶、花、果实和种子的最外层细胞。

病原体（pathogen）：可引起疾病的细菌、病毒或其他微生物。

层积处理（stratification）：春化的同义词，一种人工打破种子休眠的有效方法。

常绿植物（evergreen）：全年保持叶片的植物。

超低温保存（cryopreservation）：将细胞、组织或器官冷却并存储在极低温度下以维持其生存能力的过程。

翅果（samara）：一种带翅的果实，含有由子房发育而成的纤维状、纸质的扁平薄翅状附属物。

虫菌穴（domatia）：为节肢动物提供庇护和适宜物理微环境的小空腔。

春化（vernalization）：将种子暴露在低温下以刺激种子萌发的过程。

雌蕊（pistil）：花的雌性生殖部分，包括柱头、花柱和子房。

雌雄同株（monoecious）：在同一株个体中具有雄性和雌性生殖器官的植物。

雌雄异株（dioecious）：植物的雄花和雌花分别生长在不同的株体。

单一栽培（monoculture）：在特定区域内种植单一作物或树木。

倒钩芒刺（glochidia）：毛状刺或短芒刺，一般有倒钩，发现于仙人掌科植物的刺座上。

萼片（sepal）：花的外层部分（常为绿色叶状），包裹着发育中的花蕾。

腐生生物（saprophyte）：以死亡或腐烂的有机物为生的植物、真菌或微生物。

附生植物（epiphyte）：生长在另一种植物上的植物。

柑果（hesperidium）：果肉内部分隔成若干囊瓣、果皮可分离的一种果实，如橙子或柚子。

共生（symbiosis）：保持紧密物理联系的两种不同生物之间的相互作用，通常对双方都有利。

关键种（keystone species）：一种有助于定义整个生态系统的生物。如果没有关键种，生态系统将截然不同或完全不复存在。

光谱特征（spectral signature）：植物所发出的独特的光波长模式。

合心皮果（syncarp）：由一朵花中若干合心皮雌蕊发育而成的果实，集生在膨大的花托上，是一种肉质复果或聚合果。

核果（drupe）：通常只含有一枚种子的肉质果实，如樱桃、桃子或橄榄，来自单朵花的单一子房。

呼吸根（pneumatophore）：专门用于气体交换的生长在空气中的根。

互利共生（mutualism）：各方都从中受益的一种共生关系。

瓠果（pepo）：一种成熟时不开裂，单室、多种子的肉质果实（如南瓜、西葫芦、甜瓜或黄瓜）。

花瓣（petal）：围绕着花朵生殖部分的经特化的叶，通常颜色鲜艳或形状奇特，以吸引传粉者。

花青素（anthocyanidin）：在植物中发现的一类蓝色、紫色或红色的黄酮类色素。

花丝（filament）：雄蕊的丝状部分，支撑着花药。

花药（anther）：雄蕊中生产并含有花粉的部分，通常生长在花丝上。

花柱（style）：连接柱头与子房的长而细的柄。

寄生（parasitism）：两种生物在一起生活，一方受益而另一方受害的关系。

荚果（pod）：成熟时沿背缝线和腹缝线两边同时裂开的果实。在许多植物（如豌豆）中，种子成群排列在荚果中。

假种皮（aril）：种子表面额外的覆盖物，通常是彩色的、有毛的或肉质的，例如红豆杉种子周围红色的肉质杯状物。

浆果（berry）：一种通常含有许多种子的肉质果实，如葡萄和番茄，源自单一花朵的单个子房。

接穗（scion）：嫁接过程中与砧木相结合的植物分离的活体部分（如芽或枝条）。

浸出液（infusion）：通过将植物部分浸泡在液体中制备的提取物。

菌根真菌（mycorrhizal fungi）：一类与植物根部共生或轻微寄生的真菌。

菌丝（hyphae）：构成真菌菌丝体的分支丝状物。

菌丝体（mycelium）：由真菌产生的微小的毛发状细丝——菌丝的集合体。

腊叶标本资料馆（herbarium）：压制和保存植物标本的收藏场馆。

冷冻保护剂（cryoprotectant）：一种防止组织冻结或在冷冻过程中防止细胞损伤的物质。

梨果（pome）：由外层增厚的肉质层与中央果核组成的一种肉果（如苹果或梨）。

连萼瘦果（cypsela）：由双子房形成的干燥的单种子果实，其中只有一个发展成为种子，如菊科植物的种子。

两性花（hermaphroditic flower）：同时具有雌蕊和雄蕊的花朵。

裂果（dehiscent fruit）：一种裂开的果实。

林栖动物（arboreal animal）：在森林中生活的动物。

淋溶土（alfisol）：在渗漏水（特别是雨水）的作用下，营养物流失后的土壤、灰烬或类似物质。

落叶植物（deciduous）：每年落叶的植物，通常在冬季期间落叶。

毛状体（trichome）：植物表皮的微毛或其他突起，通常为单细胞腺状。

蜜腺（nectary）：在花朵中分泌糖液（花蜜）或叶子、茎上分泌糖液（非花蜜）的腺体器官。

木质部（xylem）：植物中的维管组织，位于树木形成层与髓之间，将水和溶解的营养物从根部向上传导，并有助于形成茎干的木质组织。

木质块茎（lignotuber）：一些生长在遭受火灾或干旱地区的灌木和乔木在地面或地下形成的圆形木质生长物，含有大量的芽和食物储备。

纳米技术（nanotechnology）：研究结构尺寸在1~100纳米范围内材料的性质和应用，特别是用单个原子、分子制造物质的科学技术。

内共生体（endosymbiont）：树木内部寄生的细菌或真菌，如根瘤中的细菌。

内携传播（endozoochory）：通过脊椎动物（主要是鸟类和哺乳动物）的摄食来散播种子。

胚（embryo）：种子萌发之前，处于幼态的多细胞植物体。

胚乳（endosperm）：滋养胚发育的营养组织和调节结构。

盆景（bonsai）：利用根部和树冠的修剪技术栽培的微型树木。

皮层（cortex）：茎和根中的表皮（表面细胞）与维管束或传导组织之间的非特化细胞组织。

偏利共生（commensalism）：只有一方受益，但对另一方无害的共生关系。

气孔（stomata）：植物叶、茎上宽窄各异的微小孔隙，使气体能够在细胞间隙中进出。

韧皮部（phloem）：植物中负责将糖类和其他代谢产物从叶片向下传导的维管组织。

韧皮纤维（bast fibre）：植物的纤维材料，尤指椴树等树木的内皮，这些树皮是可用于制作垫子或绳索的纤维。

鞣质（tannin）：一种黄色或棕色的苦味有机物质，存在于一些虫瘿、树皮和其他植物组织中，由没食子酸的衍生物组成。

软材（softwood）：针叶树（如松树、冷杉或云杉）的木材，有别于阔叶树的木材。

生理休眠（physiological dormancy）：发芽受到温度诱导（"层积处理"或"春化"）或特定化学物质的诱导。

生态型（ecotype）：动植物物种表型在特定生境中产生的变异群。

生物多样性（biodiversity）：全球或某一特定生境中动植物、微生物及其生存环境的多样性。

生物碱（alkaloid）：源自植物的含氮有机化合物，对人类具有显著的生理作用，包括许多药品（吗啡、奎宁）和毒药（阿托品、士的宁）。

生物量（biomass）：给定区域或体积中生物的总数量或总重量。

食草动物（herbivore）：直接以植物茎叶为食的动物。

食叶动物（folivore）：主要以树木、灌木和草本植物的叶片为食的动物。

疏水性（hydrophobicity）：对水有排斥作用。

树木年轮年代学（dendrochronology）：利用木材和树干中年轮的特征模式来确定事件、环境变化和考古文物年代的科学或技术。

树木园（arboretum）：专门种植树木的植物园。

树皮（bark）：乔木或灌木的树干、树枝和小枝上坚韧的保护性外皮。

树栖动物（dendrocole）：以攀附和依靠树木为主要方式生活的动物。

肽（peptide）：一个氨基酸的氨基和另一个氨基酸的羧基缩合失去水分子后所形成的化合物，或指由两个或更多氨基酸结合而成的化合物。

特有种（endemic species）： 仅分布于某个特定地区或某种特有生境内，不在其他地区自然分布的物种。

托叶（stipule）： 通常位于叶柄基部的小附属物。

外附传播（epizoochory）： 种子黏附在动物体表进行传播，通常利用哺乳动物的毛发。

外生菌根（ectomycorrhizal）： 真菌的线状细丝在树根周围形成菌丝套，通过根表交换水分和养分。

物候学（phenology）： 研究季节性事件（如萌芽、开花、种子休眠、果实结实等）时间变化的学科。

物理休眠（physical dormancy）： 需要磨去坚硬的种皮才能让水分渗透进入种子，从而使种子发芽。

吸器（haustorium）： 寄生植物根部或寄生真菌菌丝上的细长突起，使寄生物能够穿透寄主组织并吸收养分。

喜蚁植物（myrmecophyte）： 与蚂蚁有特化互利共生关系的高等植物。

心材（heartwood）： 树干内部的密实部分，出产最硬的木材。

信息素（pheromone）： 一种由动物（尤其是哺乳动物或昆虫）产生并释放到环境中，能够影响同种动物行为或生理反应的化学物质。

形成层（cambium）： 大多数维管植物木质部和韧皮部之间的一层薄薄的分生组织，产生新细胞并负责次生生长。

雄蕊（stamen）： 被子植物花的雄性生殖器官，通常由含有花粉的花药和花丝组成。

药典（pharmacopeia）： 记载药物的清单。

叶黄素（xanthophyll）： 黄色或棕色的植物色素，是类胡萝卜素的一种，使得树叶呈现出秋天时的色彩。

叶绿素（chlorophyll）： 存在于所有绿色植物中的一种绿色色素，负责吸收光以提供光合作用的能量。

叶状柄（phyllode）： 一种翼状的叶柄，具有叶片的功能。

异常型种子/顽拗型种子（recalcitrant seed）： 指不耐失水的种子，在贮藏过程中忌干燥和低温。

隐头花序（syconium）： 榕属植物的花序，花托肉质膨大而中空，内壁上具多个子房。

硬材（hardwood）： 取自阔叶树（橡树、梣树或榉树等）的木材，有别于针叶树的木材。

栽培品种（cultivar）： 通过选择育种在栽培中产生的植物品种。

砧木（rootstock）： 嫁接时与接穗结合的植株或植株的一部分。

蒸腾（transpiration）： 植物通过气孔释放水蒸气的过程。

正常型种子（orthodox seed）： 耐脱水性很强，可在含水量很低的情况下长期贮藏而不丧失活力的种子。

直根（taproot）： 垂直向下生长、逐渐变细的根，由此生出侧根。

植物积水窝（phytotelmata）： 由植物的叶子和茎形成的收集水分的空腔。

种皮（testa）： 种子的外保护层。

柱头（stigma）： 位于雌蕊顶端，具有可接受花粉的黏性表面。

子房（ovary）： 被子植物生长种子的器官，含有胚珠，胚珠受精后发育成种子；子房本身会发育为果实，无论果实是干燥还是肉质的，都包裹着种子。

自然资本（natural capital）： 世界上的自然资产存量，包括地质、土壤、空气、水和所有生物。

自养（autotrophy）： 生物利用光、水、二氧化碳或其他化学物质自行生产食物的能力。

图片版权说明

图片列表

以下页面上图像的标题如下：

译后记
博趣美雅付君收

作为一名从事植物科普工作的专业技术人员，我初次见到这本书时就被它深深吸引，几乎是第一时间便决定了要承担它的翻译工作，总的来说，这是因为它兼具博、趣、美、雅四个特点，从一众植物科普书籍中脱颖而出。

《根深叶茂》是一本广博而有趣的书。它谈论树木，但绝不仅仅是树木，树木作为本书的主角和线索人物，构建起了故事的框架，植物家族的其他成员以及与之关系密切的微生物、动物和人类，作为精彩的配角，逐一登场，穿插其间。从啃食树皮的大象到参与防御的蚂蚁，从与树木共生的毒蘑菇到依赖树木制品的人类，这些都是树木的故事中不可或缺的真实情节。有些情节妙趣横生，而有些又令人痛心疾首，在翻译过程中，我被这些情节牵引着、感染着，几乎是一气呵成地完成了全部翻译工作。于我而言，逐字逐句地翻译，仿佛在欣赏一部包罗万象的生命纪录片，这既是一个愉悦的获取新知的过程，又是一个向自然与生命致敬的过程。

毫无疑问，这本书的作者保罗·史密斯先生拥有全球视野，我常常一边翻译一边赞叹，不知道他是从哪里获得了如此丰富的信息！这本书的观察尺度跳脱出某个具体地域、具体植物类群的局限，它歌颂着这颗蔚蓝星球上约 6 万种树木超绝非凡的多样性和无与伦比的美丽。从热带雨林到寒带针叶林，从海滩到高山草甸，从沙漠到湿地；从远古到现代；欧洲、非洲、亚洲、美洲……这本书的翻译过程是作者带领我在地球仪上"旋转"的过程，是在生命的时间轴上来回横跳的过程，翻译这本书好比参与了一场酣畅淋漓的环球时空之旅，处处都有树木之歌，时时都有伴随着歌声而蓬勃发展的生命力，这股力量野蛮而强劲，无形而有万形。

这本书的广博和有趣还体现在书中有许多涉及建筑、艺术、历史、文学等领域的内容，这也是我最期待阅读的部分，它把树木的故事整个儿铺开，让我读到树木的力量是如何渗透进我们的思想，塑造了我们的文明。"鬼才"建筑师高迪的圣家族大教堂，让我领略了这股力量带来的冲击效果，而同样是树木意象，约翰·劳埃德·赖特的旅人教堂，又让我感受到这股力量具备的疗愈功能。树木是美术作品中永恒的主题和背景，是文学作品中无法回避的意象；树木服务我们的物质生活，影响我们的精神生活……当然，这部分不设框限的内容给我的翻译工作带来了巨大的挑战，我花费了大量时间广泛查阅资料。回想起来，在很多个静谧的夜晚，我深陷于寻找专业术语以准确翻译的困境之中，但成功找到答案之时，心中洋溢的喜悦又是无以言表的，这种宝贵的经历令人难忘，感谢这本书带给我的满满收获。

《根深叶茂》还是一本精美而雅致的书。全书共有超过 300 幅图片，其中高质量的植物照片满足了读者的视觉感官，纤毫毕现地重现了植物原貌。此外，书中还有大量颇具抽象风格的植物插图，这些插图对植物特征进行了简笔画式的概括，是对植物形象的解构与重构，这种创意近年来十分流行，为这本书平添简洁与明快，照片和插图的配合使这本书成为兼具写实与抽象美感的佳作。树木身为我们的衣食父母、保护者、缪斯和沉默的伙伴，应当被更多的人了解，应当被更加正确地对待，我想这是作者创作的初衷。这一主题既宏大又微观，它使得这本书具有高雅、秀逸的意趣，值得被摆放在更多的书架上，适合几乎所有的人去阅读和了解。

《根深叶茂》的博、趣、美、雅鞭策着我，在翻译过程中除了要做到信达雅，还要尽可能地让文字贴近作者和书本主题所应呈现的气质。这本书作者的语言平和稳重，透过质朴的文字，我能感受到作者为树木的命运深切担忧，时而呐喊，时而低吟，而我也已不再是旁观者，写作是创作，翻译是再创作，创作者皆有激情。

最后，此译本能够得以出版，我谨向中信出版集团致以最诚挚的谢意。感谢编辑尹涛女士在编辑过程中专业的态度和付出的心血，感谢这本书的作者保罗·史密斯先生对英文版中部分植物学名和一些编辑错误逐一进行确认，感谢王康博士和李爱花博士对这本书中的专业词汇给出翻译建议，感谢张莫先生提供翻译理论书籍。由于学力所限，翻译中仍难免会有不足和错漏，请广大读者朋友不吝赐教，批评指正。

殷茜

2023 年 9 月 27 日